国家出版基金项目
NATIONAL PUBLICATION FOUNDATION

改变世界的航天计划丛书

通天力士——重型运载火箭计划

徐大军　编著

陕西新华出版传媒集团

未来出版社

图书在版编目（CIP）数据

通天力士：重型运载火箭计划 / 徐大军编著. —西
安：未来出版社，2019.6
（改变世界的航天计划丛书）
ISBN 978-7-5417-6752-4

Ⅰ. ①通… Ⅱ. ①徐… Ⅲ. ①运载火箭－普及读物
Ⅳ. ①V475.1-49

中国版本图书馆 CIP 数据核字（2019）第 096459 号

改变世界的航天计划丛书
GAIBIAN SHIJIE DE HANGTIAN JIHUA CONGSHU

通天力士——重型运载火箭计划
TONGTIAN LISHI——ZHONGXING YUNZAI HUOJIAN JIHUA

策划统筹	王小莉
责任编辑	陈丹盈
出版发行	陕西新华出版传媒集团　未来出版社
地　　址	西安市丰庆路 91 号　邮编：710082
电　　话	029-84288458
开　　本	720mm×1020mm　1/16
印　　张	12
字　　数	160 千
印　　刷	陕西金和印务有限公司
版　　次	2019 年 8 月第 1 版
印　　次	2019 年 8 月第 1 次印刷
书　　号	ISBN 978-7-5417-6752-4
定　　价	29.80 元

前言

晴朗静谧的夜晚，仰望星空，总会令人充满好奇与遐想。中国古人看到夜空横跨的亮带，会浪漫地想象那是"天河""银河"，"河"的两边住着七夕才能相会的牛郎与织女；看星移斗转，会感慨"天河悠悠漏水长，南楼北斗两相当"；看月圆月缺，不仅有"海上生明月"的思和"千里共婵娟"的愿，也有嫦娥奔月的凄和美……

明朝时，有一个被封为万户的人——陶成道，不再满足于神话传说和诗句里对于苍穹的认知，而是把自己和火箭绑在椅子上，双手举着两只大风筝，想凭借火箭的推力和风筝的升力，成为世界上第一个飞天的践行者。但遗憾的是，他没有成功，却为此献出了生命。

到了20世纪，在航天先驱齐奥尔科夫斯基、戈达德和奥伯特开创性理论和研究工作的引领下，"飞天揽月"终于有了实现的可能。于是，人类这个地球的"婴儿"，集中巨大的财力、物力和人力，用新科技不断尝试着突破走出地球"摇篮"，走向更深邃的太空。

于是，一项项纪录被创造，被刷新，这才有了人类航天史上一个个壮举——

阿波罗登月，堪称人类科学工程技术史上的奇迹。在10年的时间里，开展了一系列的太空任务，最终完成载人登月。

空间站的建立，是航天工程另一伟大成就。它为人类利用太空资源、探索长期在太空生活的可能性，发挥了重要的作用。

而这两项成就都离不开重型运载火箭，因而，研制百吨级运载能力的重型运载火箭，成为各航天大国最重要的长期发展计划。

航天造福人类最生活化的体现，莫过于全球卫星定位导航系统的应用。除了给日常带来的便捷，它在军事、经济等领域的巨大价值更不用说了。

习近平总书记指出，"探索浩瀚宇宙，发展航天事业，建设航天强国，是我们不懈追求的航天梦。"我国的载人航天计划 1992 年才正式启动，但航天人艰苦奋斗、勇于攻坚，不断开拓创新、无私奉献，终于完成了神舟飞船载人遨游天际、航天员出舱、"天宫一号"和"天宫二号"载人空间实验室、嫦娥探月等高科技项目。不久的将来，我们还将建立自己的长期有人值守的空间站，并逐步发展载人登月技术。航天事业的发展从来没有坦途，我国的载人航天也历经挫折，但这阻挡不了砥砺奋进、勇往直前的中国航天人。

未来，人类将会进一步探索太空，将活动空间拓展到更加遥远的星球，这些重任将由正在成长的青少年们去完成。

航天科普作品对于普及航天知识、提高大众科学素养有着重要的意义，对于青少年树立正确的价值观与科技报国的远大抱负，也有着不可低估的作用。因此，我们编写了《改变世界的航天计划丛书》，第一辑选取阿波罗登月计划、空间站计划、重型运载火箭计划、卫星定位导航系统计划，以及我国的载人航天计划。书中以这些计划为线，将航天时代背景、历史事件、人物、航天器研制等内容有机地联系在一起，给读者一个全景式的展示。通过阐述航天活动对人类发展的影响与改变，让读者更深刻地了解航天发展的意义和必要性，看到我们和航天强国的差距，紧起直追。

近年来，我国有不少专家积极投身科普创作，在此特向航天科普领域的杰出代表黄志澄研究员、庞之浩研究员、邢强博士等人致敬。

在众多航天科普作品中，本丛书实为沧海一粟；而本丛书的作者相对来说，还是"新兵"，但在这条路上，我们并不孤单。本丛书撰写过程中，得到了北京航空航天大学宇航学院何麟书教授、蔡国飙教授、杨立军教授、李惠峰教授等的大力支持与鼓励，在此一并表示感谢。

限于作者水平，以及航天知识与历史事件的庞杂，书中难免存在梳理不当、文不达意之处，恳请广大读者批评指正。

徐大军
2019 年 6 月

第1章 揭秘运载火箭

>>>

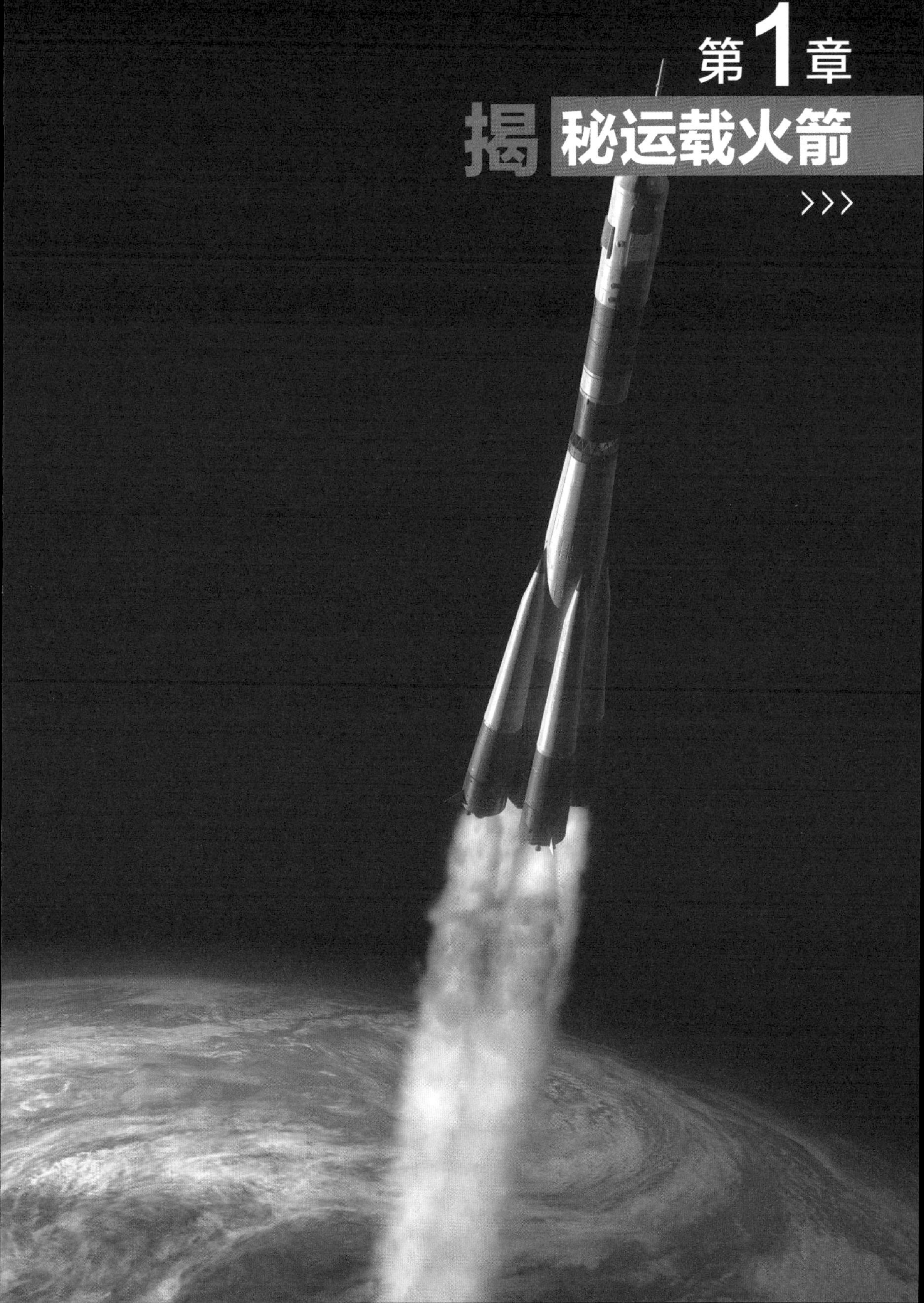

1.1 火箭的起源

火箭，对于我们现代人来说，通常意义上是指将卫星和飞船送入太空的一种航天运输工具。而在我国古代文献中，"火箭"一词则可能有两个方面的含义：一种是将火种借助弓弩等机械弹力发射出去，用于引燃敌人的粮草、营地，甚至是战船，这就是我们在有关古代的影视作品中经常看到的"火弓箭"；而另一种，则是应用火药被点燃喷射时所产生的推力，推进具有一定杀伤力的箭头或者爆炸物，从而实现杀伤、纵火和爆炸等目的。这后者就已经具备了现代火箭的雏形特征，从原理上来说接近于现在的固体火箭。所以如果要谈及火箭的起源，这里我们所指的是后一种，也就是以固体火药为推进剂，借助反作用力的原理进行发射的古代火箭。

关于火箭的起源地，我们常常引以为豪地说火箭起源于中国，中国是火箭的故乡。但国外的史学界还流传着火箭起源"印度说"和"拜占庭说"两种观点，那我们就先探究一下这两种说法是否有依据。

"印度说"并不是印度人自己提出来的，而是由十八九世纪的英国和法国的学者提出的。1776 年，一位专门研究东方文化的英国学者哈尔海德将《摩奴法典》翻译为英文，但他并不懂这部法典原著所用的梵文，而是根据波斯文的译本再进行的翻译，这种通过第三方语言的辗转翻译不可避免会出现差错，其中就使用了"火炮"一词，这种典型的将古梵文中的用词错误地用现代词进行表述，造成了后来人的一些误解，印度发明火箭的说法就是由此而来。

"拜占庭说"出现在 1450 年，当时意大利人瓦尔图在《兵法十二篇》中首次提出，拜占庭皇帝列奥六世时士兵用的一种投火器，很可能是火箭。这种说法浅尝辄止，证据不足。一位名为丘濬（1421~1495）的明代官吏在1488年所著的书中提到，宋太祖时火箭刚刚出现，但并未说明火箭是如何被发明的，或者是由外域的使者带来的。于是欧洲的史学家们便大胆地提出了火箭是拜占庭发明的，这样的推测显然是站不住脚的。

火箭发明的前提条件是已经掌握了固体火药的配置技术。在唐代中期或五代时的作品《真元妙道要略》中，就已经有了关于火药的明确记载。五代末和北宋初，我国便已经将真正的火药应用于军事作战中。迄今考证，最早于庆历四年（1044）成书的《武经总要》中就已经有了火药配方的详细记载。大约在12世纪初期，我国便已经能够制造出固体火药，最初是用于制造烟

火，后来又利用反作用原理制成了可以升空的烟火，称为"起火"或"流星"。古人发明了固体火药的制备方法，掌握了药型的制造技术，并理解了反作用力的原理，火箭的发明与应用也就成了水到渠成的必然结果。

利用烟火技术制成的"霹雳炮"，可以说是火箭弹的原始版本，早在1161年宋金采石战役中就得以使用。明代的重要军事著作《武备志》中描述了一种导杆较长的火箭武器，称为"飞标箭"，而相同的武器形式与构造原理，金人早在1232—1233年的金蒙开封府战役中就使用过，称为"飞火枪"。这种在当时来说非常先进的火箭武器，很快被蒙古军队所掌握，在后来的南下灭宋甚至西征欧洲的战争中得以广泛使用。

火箭武器在宋金元时期的应用主要有两种类型：一类是起到爆炸和纵火功能的火箭弹，如"霹雳炮"；另一类是兼具杀伤和纵火功能的火箭,如"飞火枪"。

最开始，火箭武器多为单发的形式，

火药在中国古代的最早使用可追溯到唐代（618—907）

我国古代的一种一次可发射100支火箭的装置

中国古代的"火龙出水"

一次只能发射一支，但到了元朝时期已经制成了多支火箭同时发射的集束火箭。这种集束火箭火力密集，命中率也比单发的火箭高出许多倍，对敌方可造成巨大的杀伤力，对粮草辎重集中的地方也能造成非常大的破坏力。

我国古代与阿拉伯国家的往来非常频繁，通过海上和陆地通道，在人员、贸易、文化方面有着持续不断的往来与交流，同时也将我国早先的火箭技术带到了阿拉伯地区。在蒙古军队西征的过程中，火箭武器发挥了重要的作用，更促进了阿拉伯人对火箭技术的学习和掌握。再经由阿拉伯人，中国的火药和火箭技术间接地传入了欧洲。

我国古代的火药与火箭技术在13世纪末至14世纪初已经开始向周边地区传播。当时的蒙古在海上与印度交往频繁，在陆上建立了与印度西北部接壤的伊利汗国，中国的火药和火箭技术可能就是在这个时期传入了印度。据考证，在印度梵文作品中所叙述的烟火配方，大多是来自中国古代的《武经总要》《武备志》等著作。

由此可见，火箭起源于中国有着完备的古代史料佐证，印度、阿拉伯以及欧洲的火药与火箭技术来源于中国也是有据可考，所以毋庸置疑，中国是火箭的起源地。

1.2 戈达德——现代火箭之父

每个孩子或许都有一个飞行的梦想，幻想自己能像超人一样自由地在空中飞行。一百多年前，在美国马萨诸塞州的一个果园里，也有这样一个男孩。他心想：人要是能飞速上升，飞到天上，飞向那遥远的未知世界，该有多么的美妙啊。他就是伟大的现代火箭技术的先驱——罗伯特·戈达德。

罗伯特·戈达德1882年出生于美国马萨诸塞州的第二大城市伍斯特市。可以说是阅读改变了他的命运。少年时代的戈达德在读完英国作家韦尔斯的科幻小说《星际大战：火星人入侵地球》之后，突发奇想：要是能做个飞行器飞向火星，那该有多好！戈达德幻想这个能飞的玩意儿可以从地面上腾空而起，一飞冲天，飞向浩渺的宇宙。

或许是对蓝天的向往，戈达德认准了人生这一奋斗目标，梦想着有一天可以冲入高高的云端。

现代火箭先驱——罗伯特·戈达德

他相信自己一定能够成功，而且他清楚自己要实现这个目标首先是要认真读书，尤其要学好数学。中学时期，戈达德用心钻研数学的同时也喜欢动手做各种实验。中学毕业后，戈达德考入了伍斯特理工学院，这是一所以培养工程师为目标的大学。勤奋好学的戈达德后来又考入了克拉克大学，这是美国第一所完全是研究生院的大学，也是美国最早开设研究生课程的大学。

1911年，29岁的戈达德在克拉克大学获得了理学博士学位，并留校任教，同时在这所大学开始展开火箭的相关研究。在最初的几年里，戈达德的研究主要还是偏重于理论方面，探讨火箭用于研究高空大气层的价值，以及用火箭抵达月球的可能性。

戈达德对这项研究工作充满了热情，经常通宵达旦地工作，期间他患上了肺结核，不得不接受治疗。而在当时肺结核并没有什么有效的治疗方法，医生甚至告诉戈达德只能再活两周。可两周后，罗伯特·戈达德并没有被病魔打倒，他又开始投入到工作中。

作为理论研究的结果，1919 年戈达德发表了他的一篇代表性论文《到达极高空的方法》。这篇论文全文 69 页，以一个小册子的形式发表，内容包括火箭运动的基本数学原理、液体火箭发动机的基本原理，以及火箭飞往月球的方案，并指出液氢液氧是理想的火箭推进剂。这样的一个研究成果，起初并没有引起人们的关注。事实上，早在十年前，苏联的物理学家齐奥尔科夫斯基也曾做过这方面的研究，发表的论文也没有引起人们的注意。但戈达德的这篇论文在日后被认为有着划时代的价值，开启了人类航天飞行的新时代，从此人类有了飞向其他星球的可能。

原本就爱动手也擅长做实验的戈达德并不满足于理论研究的成果，他决定通过实验和实际的操作，用飞行试验的成功来证明他所提出的理论是正确的、可行的。

戈达德在准备液体火箭发动机试验

戈达德从研制液氧煤油作为火箭发动机的燃料开始。1925 年 11 月，一台以液氧煤油作为推进剂的长 0.6 米、重 5.5 千克的小型液体燃料火箭发动机，成功地进行了 27 秒的地面点火试验。1926 年 3 月 16 日，一枚以这台小型火箭发动机和两个推进剂贮箱组成的 3.04 米长的火箭，从一个简陋的铁架子上成功点火发射。火箭飞行时间只有短短的 2.5 秒，飞行高度只有 12 米，水平距离 56 米，但这是人类成功发射的第一枚液体燃料火箭，是人类航天事业发展史上的一个重要里程碑。

在那篇标题为《到达极高空的方法》论文中，戈达德提出了将火箭发往月球的方案，"制造重 598.2 千克的火箭，可以把 0.9 千克的镁送到月球。火箭撞月时将镁点燃，镁的明亮闪光可持续几秒钟，在地球上用望远镜可以看到它。" 当时的媒体并不理解这其中的深意，一时间各种嘲讽纷至沓来，"月球火箭""月亮人"成了戈达德的代名词。《纽约时报》的记者们甚至嘲笑他连中学的物理基础知识都不懂，却整天幻想着去月球旅行。

被媒体所左右的公众对这位科学家的工作也表示不理解和怀疑，甚至他的研究工作也很少得到官方的经费支持。但这都没有动摇戈达德的信念，他坚持走自己的路，继续自己的研究。

1929 年 7 月，戈达德在家乡又成功地发射了一枚火箭，这次这枚火箭飞得更高，而且火箭上载有气压表、温度计以及用于拍摄记录气压表和温度计的小型照相机。可试验刚刚结束，警察居然找到戈达德，明令禁止他在马萨诸塞州进行火箭试验。戈达德只好到新墨西哥州一块荒凉的土地上开展新的试验。

1929 年 11 月，戈达德结识了

👆 戈达德在和火箭"搬家"的路上

飞越大西洋的英雄飞行员查尔斯·林白，英雄相惜，林白对戈达德的研究工作大加赞赏，表示要支持他的研究。通过林白的举荐，戈达德得到了著名慈善家古根海姆的资助，在此后几年里古根海姆共资助戈达德 14.8 万美元用于火箭研发，这在当时可是一笔不小的资金。

不再为资金困扰的戈达德，辞去了克拉克大学的教学工作，全心全力研究火箭，使得液体火箭发动机技术得到了很大的提高。

1930 年 12 月 30 日，他的一枚新的液体火箭发射成功，高度达到 610 米，飞行距离 300 米，飞行速度达到 800 千米/时。

1931 年，他在火箭发射试验中，首次采用了目前现代火箭仍然使用的程序控制系统。

1932 年，他首开先河，利用燃气舵来控制火箭的飞行方向。

正当戈达德的火箭研究试验不断取得丰硕成果时，古根海姆因全球经济大萧条，于1932年7月中断了对他的资助。为了能取得继续开展研究工作的资金，在林白的建议下他向美国军方申请经费，但海军和陆军都拒绝了他的申请。幸亏后来丹尼尔·弗洛伦斯·古根海姆基金会给了他一笔补助金，他才得以于1934年9月回到试验场继续试验。

1935年，戈达德的液体火箭最大射程已达到20千米，速度超过音速。

第二次世界大战爆发后，戈达德非常希望能把自己的研究成果用于反法西斯战争。美国军方开始并不支持他把钱花在液体火箭上，但鉴于战争的需要，美国政府于1942年任命戈达德为海军研究局主任。在任期间，他圆满完成了飞机助推火箭的研制，并开展了变推力火箭的研究。

"二战"后期，德国的V-2导弹对同盟国造成了极大的破坏，而这种武器正是采用液体火箭发动机的一种火箭武器。1944年6月，戈达德在德国人的V-2导弹残骸中发现，德国的火箭竟然与他的一模一样。事实上，德国人的确是按照戈达德的火箭原理研制了V-2导弹。"二战"结束后，美国科学家开始向德国科学家请教火箭技术，没想到德国科学家竟然说他们的老师就是戈达德——这个一直没有被美国人重视的火箭科学家。

当美国政府和军方意识到戈达德的价值时，为时晚矣，戈达德于1945年8月10日逝世。

戈达德发射了世界上第一枚液体火箭，开创了现代火箭技术的新纪元，美国也由此成了现代火箭的发源地。戈达德一生建树颇丰，总计获得了200多项专利，其中83项专利是在他生前获得的。为了纪念他对人类航天事业的卓越贡献，美国国家航空航天局于1959年设立了以他名字命名的戈达德太空飞行中心，在月球上也有以他名字命名的戈达德环形山。

在戈达德太空飞行中心入口处的纪念碑上，铭刻着戈达德的一句名言：很难说有什么办不到的事情，因为昨天的梦想可以是今天的希望，而且还可以成为明天的现实。

1959年，戈达德的好友林白在观看火

NASA戈达德太空飞行中心的logo

箭发射时，想到三十年前戈达德向他展示的多级火箭设计蓝图，不禁感慨："我真不知道是他那时在做梦，还是我现在在做梦。"

1.3 探空火箭——小火箭，大作为

　　探空火箭，顾名思义是一种进行空间探测的火箭，准确地说是指在近地空间进行探测和科学实验的火箭。其飞行高度介于探空气球和低地球轨道卫星之间，也就是约40~300千米范围内。在这个范围内，其他飞行器难以到达，而探空火箭却发挥着巨大的作用。

　　探空火箭相对于用于卫星发射的运载火箭和用于武器投放的弹道导弹而言，系统较为简单，一般为无控火箭，因此具有成本低、研制周期短、发射灵活等优点。

　　在第二次世界大战中，美苏双方都见识了德国 V-2 火箭的威力，并认识到了火箭武器在未来军事装备发展及军事斗争中的重要作用，于是美国和苏联都利用缴获的 V-2 火箭开始了各自的火

🎧 美国的"女兵下士"探空火箭

箭研制，最初也都是从探空火箭的研制与发射开始起步。世界上第一枚探空火箭是美国的"女兵下士"，它于1945年成功发射，将11千克的有效载荷送到了70千米的高空进行大气探测。苏联也是基于对德国V-2火箭的认识开始起步探空火箭的研制，于1947年10月至1949年间发射了几种型号的探空火箭，其中"地球物理"火箭将2.2吨有效载荷送到了212千米的高空。

可以说探空火箭的研制为后续多级运载火箭的发展奠定了技术基础，继美苏之后，其他计划发展火箭技术的国家，也大多是从探空火箭起步的。

探空火箭的用途是非常广泛的，最初主要用于近地空间的大气探测，探测中高空大气数据，建立中高层大气的数据模型，这为航天发射和安全返回提供了有力保障。

利用探空火箭进行微重力环境科学研究和实验验证，是探空火箭又一个重要的应用领域。通过二十多年来的发展，利用探空火箭进行微重力实验，已经逐步发展成一项有效且较为成熟的空间短时微重力实验方法，并已经成为微重力环境下，进行多种空间科学实验和研究活动的重要手段之一。相比之下，通过气球和落塔坠落方式形成的微重力持续时间短，而通过飞机俯冲的方式则费用又太高。最理想的微重力试验环境是在轨道飞行中的卫星或太空飞船上，但这样的机会毕竟很少。而探空火箭可实现亚轨道飞行以及接近入轨的飞行，通常可提供几到十几分钟的微重力有效时间，因此探空火箭是一种较为理想的、成本较低、机会较多而风险又较小的微重力试验平台。

探空火箭的另一项重要的应用是进行空间科学论证。空间飞行是一个高真空、强振动、大过载的环境，通常新型有效载荷、新技术、新器件、新材料都需要通过飞行试验的检验才能运用到实际的工程上，而成本较低、发射灵活的探空火箭为这样的飞行试验提供了理想的飞行平台。国内外很多飞行器的新结构、防热材料、卫星和导弹的新仪器、动力装置的高空点火等，都曾在探空火箭上进行过试验。通过探空火箭进行针对元器件的空间适应性飞行测试，获得在一定空间环境条件下的飞行数据，为其在卫星、飞船乃至空间站上的进一步应用，提供了可靠性的设计基础。

探空火箭不仅可以对中高层大气进行立体探测、开展微重力科学实验、星载有效载荷原理性飞行试验、生物技术实验等，还能为卫星、飞船等航天器的发射提供高空大气环境保障，为空间链路的电磁环境提供监测预警。

我国的火箭技术在初期也是以探空火箭的研制为开端。1958年9月22日，北京航空学院（现为北京航空航天大学，简称北航）成功发射了我国第一枚固体燃料探空火箭"北京"二号，隔日发射的两级全固体探空火箭飞行高度达到了74千米；同年10月3日，"北京"二号液体燃料探空火箭的发射也取得了成功，飞行高度45.5千米。

我国的探空火箭在大气取样、空间科学试验、生物实验等多个领域已经有将近60年的发展与应用。"子午工程"是我国近年来实施的一项规模较大的以探空火箭为试验平台的空间环境探测研究项目，该工程是利用沿东经120°子午线，北起漠河，经北京、武汉，南至海南并延伸到南极中山站，以及沿北纬30°线，东起上海，经武汉、成都，西至拉萨的15个检测台站，建立一个以链为主、链网结合的，运用地磁（电）、无线电、光学和探空火箭多种手段的监测网络，连续监测地球表面二十千米到几百千米的中高层大气、电离层和磁层，以及行星际空间环境参数。

2010年6月3日，"子午工程"首枚气象探空火箭在中国科学院海南探空发射场发射成功，首次采用GPS技术获得了我国低纬度地区20~60千米高度的高精度大气温度、压力和风场等的探测参数。2011年5月7日，一枚高空科学探空火箭再次在海南发射场成功发射，为我国自主监测空间环境、保障空间活动安全发挥了重要作用。2013年5月13日，在我国西昌卫星发射中心，又成功地进行了一次更高高度的高空科学探测试验，利用多种科学探测仪器，对电离层、近地空间

时隔近五十年之后，北航学子再次通过探空火箭的科技实践来向祖国表达航天报国之心。2006年11月1日，由北航的14名本科生独立设计的固体燃料探空火箭"北航"一号拔地而起，直冲云霄。2008年12月5日，又一枚固液动力的探空火箭"北航"二号也在西北大漠深处成功发射。2011年11月25日，改进后的"北航"三号固液动力探空火箭再次一飞冲天，这枚探空火箭验证了固液动力发动机的变推力和长时间工作等特性，同时探空火箭采用GPS定位、数传等技术，实时向地面传输火箭的飞行状态及参数。

的高能粒子和磁场强度与结构进行了探测。这次试验所采用的"鲲鹏"七号探空火箭的弹道最高点，已接近地球同步静止轨道。由此可见我国的探空火箭已达到国际先进水平。

1.4 齐奥尔科夫斯基与多级火箭

在火箭发射的电视直播节目中，我们常常听到"火箭一级分离成功"，"火箭二级分离成功"，"火箭三级分离成功"等播报。运载火箭由多个级段组成，这已经为大多数人所熟知，但大家有没有想过，运载火箭为什么要分成若干段，即采用多级的形式，而不能采用单级的形式呢？对于这个问题，让我们从认识另一位航天先驱——齐奥尔科夫斯基开始。

🔊 苏联科学家齐奥尔科夫斯基

康斯坦丁·齐奥尔科夫斯基是苏联的科学家，被誉为现代航天学和火箭理论的奠基人。他出生于 1857 年的俄国，自幼便几乎丧失了全部的听力，无法在学校接受正常的教育，14 岁以后靠自学完成了中学和大学的课程。自 1880 年开始，齐奥尔科夫斯基一边在一所乡村中学教书，一边做着自己喜欢的研究。耳聋对齐奥尔科夫斯基来说是最大的磨难，他几乎与外界的声音完全隔绝，但这种磨难培养了他善于幻想与独立思考的特质，这也成为这位伟大的科学家成功的重要因素。

齐奥尔科夫斯基对飞行的东西格外感兴趣，例如飞艇、飞机、星际火箭等，很多研究课题在当时来说是全新的研究方向，甚至会被认为仅仅是幻想、空想。1903 年，齐奥尔科夫斯基多年的研究和努力终于有了成果，他发表了世界上第一部关于喷气式动力飞行的理论著作《利用喷气工具研究宇宙空间》。书中他提出了液体推进剂火箭的原理图与结构构想图，并推导出了计算火箭在发动机工作期间所能获得的速度增量公式，这个公式被称为齐奥尔科夫斯基火箭公式，也称理想火箭方程。这为研究液体火箭发动机和火箭动力飞行器奠定了理论基础。有人说如果航天的基础是火箭，那么火箭的基础就是这个齐奥尔科夫斯基公式。

右边这个公式中，$\triangle v$表示火箭推进剂燃尽后所获得的最终速度；I_{sp}代表火箭推进剂的比冲，是衡量火箭发动机推进效率的一个重要指标，类似

$$\triangle v = v_e ln\frac{m_0}{m_f} = I_{sp}g_0 ln\frac{m_0}{m_f}$$

⬆ 齐奥尔科夫斯基火箭理想速度公式

于汽车的百公里耗油率，用 100 公里除以百公里耗油率，得到一升汽油能跑多少公里，数值越高表示汽车越省油，这里比冲的数值越高，也就代表发动机的效率越高即"越省油"。

公式中g_0是重力加速度，m_0是火箭初始的质量，m_f是火箭发动机结束工作时的质量，也就是火箭结构和有效载荷的质量。m_0与m_f的比值，m_0/m_f称为火箭的质量比，是代表火箭结构质量特性的一个重要参数，也称为"干质比"。

火箭的最终速度v是一个重要的参数，要想将卫星送入绕地球的轨道，就要达到 7.9 千米/秒的第一宇宙速度；要发射探测太阳系的航天器，就需要速度超过 11.2 千米/秒的第二宇宙速度；要想冲出太阳系，则需要速度超过 16.7 千米/秒的第三宇宙速度。

从这个公式我们不难看出，要提高火箭的最终速度，只有两个途径，一是提高比冲I_{sp}，让火箭"更省油"，二是提高火箭的质量比m_0/m_f，让火箭"自重更轻"，这就需要采用高强度、低密度的材料来制造火箭的箭体。

如何让火箭"更省油"，科学家们已经考虑了很多种的推进剂，也就是氧化剂与燃料的组合，例如液氧与煤油、四氧化二氮与偏二甲肼、液氧与甲烷、液氧与液氢等。一般来说，液氧液氢的组合所能达到的比冲是较高的，在混合比为 6 的情况下，理论真空比冲为 463.4 秒。可见在"省油"方面，可挖掘的余地已经不大了。

如何让火箭"自重更轻"，航天工程师们也已经做出了很大的努力，

前面我们提到了我国古代的一种称为"火龙出水"的火箭武器，其实也是一种多级的火箭。"龙头"和"龙尾"的两侧各倾斜安装有一个小的火药筒，这四支火药筒先点燃，构成了火箭的第一级。第一级火箭燃烧完，会自动引燃"火龙"腹内的火箭，这就是第二级火箭。"龙口"里还可以射出数支火箭，直射目标，引燃敌船。由此可见"火龙出水"可谓是多级火箭的鼻祖。

采用新型的合金材料、碳纤维材料等，毕竟不能把火箭做成薄脆的壳体，那样火箭结构在受力方面又存在较大的问题，因此减重的空间也不是很大。

按照齐奥尔科夫斯基那个时代的技术水平，无论如何也造不出能达到第一宇宙速度的火箭，最大速度也只有 6 千米/秒，这样的速度别说飞向火星、月球了，就连卫星也发射不了。

齐奥尔科夫斯基又一次开创性地提出了被称为"火箭列车"的多级火箭的构想，这种多级火箭就是我们现在所看到的绝大多数运载火箭多级串联的形式。每一级火箭燃料耗尽后分离，抛掉不必要的结构质量，轻装上阵，下一级火箭开始点火工作，进一步提高火箭的速度。

1945 年，美国在 V-2 火箭的基础上加装了第二级火箭，这就是"女兵下士"火箭，世界上最早的大型液体燃料多级火箭。在 1949 年 2 月 24 日的发射试验中，"女兵之下"的最大高度达到了 392 千米，最大速度达到了 8291 千米/时，这是原 V-2 火箭远远达不到的高度与速度。"女兵下士"火箭的成功，证明了齐奥尔科夫斯基"火箭列车"的构想是正确的、可行的。

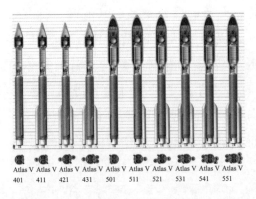

Atlas V Atlas V Atlas V Atlas V Atlas V Atlas V Atlas V Atlas V Atlas V
401 411 421 431 501 511 521 531 541 551

美国"宇宙神"-5 型火箭家族，通过配置不同数量的助推器，而形成不同的运载能力

有人曾做过一个简单的计算，如果一枚火箭的发射质量是 2 吨，装有 1.5 吨的推进剂，则根据速度公式，可计算得出最终速度可以达到 3.47 千米/秒；如果将这枚火箭一分为二，由两个各重 1 吨的火箭串联，各装 750 千克的推进剂，则最终速度可达到 5.2 千米/秒，这比单级火箭的速度提高了 50%。

多级火箭已成为现代运载火箭的标准样式，历史上最多的运载火箭级数达到了5级。但火箭的级数应当根据设计任务要求来决定，并不是级数越多越好，级数越多系统越复杂，会降低整个火箭的可靠性。目前主流的发展趋势是减少级数，通过配置助推火箭的方式来提高一级火箭的速度。

◖ 多级火箭分离时在夜空中的壮观景象

1.5 太空港口——航天发射场

飞机起降有飞机场，火箭的发射也有自己特定的区域，称为航天发射场，我们也可以形象地称之为"太空港口"，卫星从这里被送入太空、宇航员从这里启航去探索星际。

航天发射场有的是在原火箭或导弹试验场的基础上改建或扩建而成，组成、功能与导弹试验靶场基本相同，如我国的酒泉卫星发射中心；也有的是根据航天发射的需要而专门建造的，如我国的海南文昌航天发射场。

航天发射场的选址通常是在视野开阔、地势平坦、人烟稀少的地方，同时还要考虑发射方向上有没有人口密集的城市、重要的民生工程等，以避免火箭各级分离后坠落地面而造成不必要的人员与财产损失。

火箭发射场通常由组装测试区、发射区、发射指挥控制中心、综合测量设施、勤务保障设施和一些管理服务机构组成。发射场区内有整套试验设施和设备，用以装配、贮存、检测和发射航天器，测量飞行轨道，发送控制指令，接收和处理遥测信息。

地球自转的影响也是选址时要考虑的因素，特别是发射地球静止卫星或小倾角轨道航天器的发射场，通常选址建在地球赤道附近或低纬度地区。这样的地区比较容易获得小倾角轨道，能减少远地点变轨所需要的能量，从而缩短从发射点到入轨点的航程，法国圭亚那航天中心就是根据这一考虑选址的。

另外，航天器与运载火箭的类型，特别是结构尺寸、质量对运输系统的要求，也是影响发射场选址的因素。例如，我国原先的低纬度发射场是西昌卫星发射中心，如果选在这里进行今后重型运载火箭的发射，则需要将尺寸较大的箭体通过铁路运送到发射场，而沿途桥洞隧道成为制约大型航天器及箭体运输的瓶颈，显然不适合我国未来航天发射的需要。于是我国新建了海南文昌航天发射场，不但可以通过水路将"长征"5 号运载火箭从天津港运送到海南文昌，而且这里还具有低纬度发射的优势。

随着人类航天活动的日益增多，航天发射场也更加频繁地出现在媒体与公众的面前，下面我们简单列举一下全球十大航天发射场。

（1）美国肯尼迪航天中心

这是美国最大的载人航天基地，成立于 1962 年 7 月，位于美国佛罗里达州卡纳维拉尔角。其优势是发射场纬度较低，向东发射火箭，可借助地球自转来提高火箭的运载能力，有助于卫星入轨；附近的海岛还可用作理想的跟踪测量站；发射方向面临大海，没有人口密集的忧虑，飞行中的火箭万一出现故障，

肯尼迪航天发射场令人叹为观止的发射塔架

🔺 美国肯尼迪航天中心

也不会造成严重的安全事故。肯尼迪航天中心是美国宇航局进行载人与非载人航天器测试、准备和实施发射的最重要场所，从这里进行的航天器发射任务，包括了美国所有向地球同步轨道的发射任务，发射过"阿波罗"飞船、"天空实验室"空间站、非载人行星和星际探测器，以及各种用于科学、气象、通信的卫星等。

（2）西部航天和导弹试验中心

该试验中心成立于 1964 年 5 月，这里曾是美国空军的试验靶场，1979 年 10 月改为现名，是美国最重要的军用航天发射基地，主要用于战略导弹、武器系统试验和各种军用卫星、极轨卫星的发射。其位于美国西部洛杉矶北面的西海岸，

占地近 400 平方千米，场区全为起伏的丘陵。从这里向西南方向发射导弹或火箭，它有跨越太平洋直达夸贾林岛区的 8000 千米航线，沿途有十分完善的落点定位系统，有利于开展战略导弹武器及武器系统作战试验。

（3）拜科努尔发射场

拜科努尔发射场建于 1955 年，位于哈萨克斯坦拜克努尔市西南

🔺 拜科努尔发射场

288 千米处。虽然该发射场地处于哈萨克斯坦境内，但俄罗斯从 1994 年开始租赁该发射场，预计租赁期限到 2050 年截止，是俄罗斯最大的航天器和导弹发射试验基地，其规模相当于美国的肯尼迪航天中心。

拜科努尔发射场的主要任务是发射载人飞船、卫星、月球探测器和行星探测器，进行各种导弹和运载火箭的飞行试验。另外，这里还进行过拦截卫星和部分轨道轰炸系统的试验。

拜科努尔发射场曾发射了世界上第一颗人造卫星及其他行星探测器，还发射了"东方"号、"上升"号、"联盟"号等载人飞船，"礼炮"号空间站以及"暴风雪"号航天飞机。

（4）普列谢茨克基地

普列谢茨克基地建于 1957 年，位于俄罗斯白海以南 300 千米的阿尔汉格尔斯克地区，这里早期是洲际弹道导弹的作战基地，从 1966 年起才使用 4 种火箭和 9 座发射台来发射大倾角的侦察、电子情报、导弹预警、通信、气象和雷达校准卫星，其中 2/3 为军用，是目前世界上发射卫星最多的发射场，发射次数占世界发射总数的一半以上。

（5）酒泉卫星发射中心

酒泉卫星发射中心始建于 1958 年，是我国创建最早、规模最大的综合型导弹、卫星发射中心，也是我国目前唯一的载人航天发射场，位于甘肃省酒泉市以北的戈壁滩上。

酒泉卫星发射中心

酒泉卫星发射中心主要利用"长征"系列火箭发射大倾角、中低轨道的各种试验卫星和应用卫星。这里曾成功地发射了我国制造的第一枚地地导弹，进行了第一次导弹核武器试验，并于 1970 年 4 月 24 日，将"东方红"一号卫星送入地球轨道,使我国继苏、美、法、日之后,成为世界上第五个拥有独立航天发射能力的国家。

1999年11月20日,"神舟"一号 试验飞船从这里发射升空,拉开了我国载人航天工程的序幕,从此中国继苏、美之后,成为世界上第三个可以独立开展载人太空探索的国家。

(6)西昌卫星发射中心

西昌卫星发射中心始建于1970年,位于我国四川省西昌市,主要用于发射地球同步轨道卫星,可发射多种新型、大吨位卫星和五种新型大推力火箭。

⬆ 西昌卫星发射场

现拥有自成体系、配套完善的测试发射、测量控制、通信、气象和勤务保障等五大系统。发射中心自组建以来,先后成功进行了"亚洲"一号、"澳星"、"风云"二号等50多次国内外卫星的发射。

近年来我国"长征"三号运载火箭在西昌卫星发射中心密集发射,将40多颗"北斗"卫星送入太空,组网形成"北斗"卫星导航系统,打破了美国GPS在定位导航领域的垄断地位。

(7)种子岛宇宙中心

种子岛宇宙中心位于日本九州南端的种子岛,是日本应用卫星发射基地,由日本宇宙航空研究开发机构管理。为满足不同型号火箭的发射需要,自1966年开始相继建造了竹崎、大崎和吉信三个航天发射场。竹崎发射场是专为发射小型火箭建造的,是继鹿儿岛发射场之后在种子岛建设的

⬆ 种子岛宇宙中心

第一个发射场,于1969年建成投入使用。大崎发射场主要用来发射N-1、N-2和H-1液体火箭,于1975年建成投入使用。吉信发射场是为满足新一代大型运载火箭H-2的发射需要,于1986年在大崎发射场东北方向约1千米处新建的,日本大多数试验卫星和应用卫星都在此发射,这是日本最大的航天发射场,也是世界上主要的航天器发射场之一。

库鲁航天发射场(也称圭亚那航天发射场)

(8) 库鲁航天发射场

库鲁航天发射场位于南美洲北部法属圭亚那中部的库鲁地区，因此也称圭亚那航天发射场，于1971年建成，是目前法国唯一的航天发射场，也是欧空局开展航天活动的主要场所。由于发射场的纬度低，相同发射方位角的轨道倾角小，因而远地点变轨所需要的能量小，可以相应地增加向地球同步轨道上发射有效载荷的重量。曾有专家做过计算，就同一种运载火箭而言，在库鲁发射比在拜科努尔发射的有效载荷能力可高出70%，在库鲁发射场发射同等重量的有效载荷要比在美国肯尼迪发射场发射时远地点发动机能量节省约20%，库鲁发射场被公认为世界最佳的火箭发射地点。库鲁发射场以发射"阿丽亚娜"运载火箭而闻名，迄今该系列火箭发射成功率已达90%以上。发射场主要用于科学卫星、应用卫星等各类空间飞行器的测试发射等，是世界上承揽商业航天发射最多的发射中心，近200枚运载火箭从这里点火升空，已将250余颗不同型号的卫星送入太空。

(9) 圣马科发射场

圣马科发射场位于非洲东部肯尼亚东海岸的恩格瓦纳海湾（距海岸约5千米的海上），由意大利罗马大学航空与航天研究中心筹建并管理使用，是世界上最早的海上发射场。发射场由两个海上平台组成，一个用作发射台，另一个用作发射控制指挥所。这里比库鲁发射场更靠近赤道，发射赤道轨道卫星，卫星无须做大的轨道修正。1967年4月，该发射场投入使用，用美国的"侦察兵"运载火箭发射卫星。海上发射场与陆上发射场不同，发射台的台柱完全固定在汪洋大海的大陆架上，发射台面露出水面，类似海上石油钻井平台，卫星和火箭通过大型舰船运输，再安装在发射架上实施发射。

（10）斯里哈里科塔发射场

斯里哈里科塔发射场是印度的导弹试验和卫星发射场，位于印度南部东海岸的斯里哈里科塔岛，1979 年正式投入使用。1980 年 7 月 18 日，印度用自制的火箭成功发射人造卫星，成为世界上第 7 个自行发射卫星的国家。该发射场拥有发射各种卫星的大型运载火箭

⬆ 圣马科海上航天发射场

⬆ 斯里哈里科塔发射场

的试验、组装和发射设施，拥有跟踪、测量各种卫星的测控站。印度空间研究组织还在此建设了固体推进器工厂，为大型运载火箭生产固体发动机。经过近四十年的建设，该中心已成为印度最大的航天城和航天器发射中心，见证了印度近年来在运载火箭技术上的一次次飞跃，印度卫星运载火箭、极地轨道运载火箭和地球同步轨道运载火箭都曾从这里点火升空。

第2章
载火箭大家族

>>>

2.1 美国的运载火箭

美国在第二次世界大战后大力发展导弹与火箭技术，同时在研制探空火箭的基础上，逐步具备了入轨发射的能力，从而进入了征服太空的新纪元。

1958 年 2 月 1 日，美国第一颗人造地球卫星"探险者"1 号被成功送入轨道。担任这次发射任务的"丘诺"1 号运载火箭，是美国最早投入使用的运载火箭。原本美国政府批准研制的第一个专门用于卫星发射的运载火箭是"先锋"号，该计划于 1955 年 7 月 28 日得以批准，由海军研究实验室负责计划管理，并委托马丁公司研制，设计工作于 1956 年初完成，并移交给美国国家航空航天局（NASA）管理。

但"先锋"号运载火箭的试验发射出师不利，1957 年底和 1958 年初的两次发射都以失败告终。在此情形下，苏联于 1957 年 10 月抢先将人类第一颗人造卫星送入了太空。"先锋"号运载火箭无法担当大任，使得美国不得已做出了另外一个选择，就是在"红石"导弹的基础上发展一款新的运载火箭，这个方案是沃纳·冯·布劳恩提出的。

"丘诺"1 号运载火箭由四级组成，第一级是"红石"导弹的改进型，其承包商为克莱斯勒公司，其他三级为固体火箭发动机，由美国喷气推进实验室负责研制。有了成熟可靠的导弹作为新型号运载火箭的"底子"，所以研制工作非常顺利，美国最终成功地完成了"探险者"1 号的发射任务，比苏联的"斯普特尼克"1 号卫星的发射晚了 4 个月。在太空竞赛的时代，可谓分秒必争，这晚了的 4 个月对美国人来说，就意味着在太空技术方面落后了一大截。

经历了两次发射失败的"先锋"号运载火箭，终于在 1958 年 3 月

17 日，将 1.47 千克重的"先锋"1 号试验卫星成功地送入了地球轨道。但好景不长，"先锋"号运载火箭又连续经历了 4 次发射失败，直到 1959 年 2 月 17 日，才成功地将"先锋"2 号卫星送入太空。后续的发射依旧是跌跌绊绊，到该型号运载火箭计划结束，总共进行了 14 次发射，只有 3 次是成功的。

临时上场补位的"丘诺"1 号的情况也不乐观，尽管顺利完成了美国第一颗人造卫星的发射任务，但改型火箭 6 次发射中，成败各 3 次，最终美国决定停止"丘诺"1 号运载火箭的使用。

美国的运载火箭在早期的研制、试验与发射中失败率是非常高的，但随着技术的不断积累与成熟，从 20 世纪 60 年代以后，逐渐进入了平稳的发展时期，发射数量逐年增多，成功率也不断提高。

美国前前后后研制的运载火箭型号多达十几种，大多是在中程和洲际导弹技术上改进发展而来的，形成了以"德尔塔""宇宙神"以及"大力神"为代表的三大主要系列的运载火箭。

"德尔塔"系列

"德尔塔"系列运载火箭，也称"三角洲"运载火箭，是一种一次性使用的运载火箭，于 20 世纪 60 年代开始执行太空发射任务，发射次数超过 300 次，成功率超过 95%。"德尔塔"系列运载火箭由联合发射同盟（United Launch Aliance，简称 ULA）发射及建造，目前常使用的

🔼 美国"德尔塔"运载火箭

🔼 美国"德尔塔"4 型运载火箭点火发射

是"德尔塔"2型和"德尔塔"4型运载火箭。

"德尔塔"火箭的前身是"雷神"运载火箭,"雷神"运载火箭的第一级就是"雷神"弹道导弹的第一节。"雷神"导弹于20世纪50年代设计,于1957年9月首次发射成功,随后部署在英国和其他同盟国。在"雷神"导弹的基础上以其第一节火箭与其他上面级火箭进行组合,形成了"雷神"运载火箭,用于发射卫星。"雷神"的第四级又称"德尔塔"(Delta是希腊文中第四个字母),最后简称整体火箭为"德尔塔"。

从1969年到1978年间,"雷神-德尔塔"运载火箭是美国国家航空航天局最频繁使用的火箭,在这十年间共发射了84次。所发射的卫星包括美国国家航空航天局自己研制的卫星,美国政府其他部门或机构研制的卫星,甚至还有其他国家研制的卫星。"雷神-德尔塔"运载火箭的可靠性在20世纪六七十年代已经算是很高的了,在84次发射中,只有7次是失败的,成功率约为91.67%。

20世纪90年代中期,美国空军提出了"改进型一次性运载火箭"的计划,整个计划的宗旨是将运载火箭商业化,其关键在于降低发射成本和提高火箭的运载能力。由美国波音公司设计,并由联合发射同盟公司建造的"德尔塔"4型运载火箭应运而生。"德尔塔"4型运载火箭有中型和重型两大类,通过配置不同的固体助推火箭的数量和调整整流罩的尺寸,从而又形成了多达五种的衍生型。"德尔塔"4型火箭的多样化型式,可满足多种载荷的尺寸与质量,这样的设计方案符合美国军方的需求。

"德尔塔"4型运载火箭的第一级采用RS-68型火箭发动机,该型发动机采用液氢液氧作为燃料,但其单台推力比美国航天飞机最终使用的主发动机的推力还要大,而制造成本却更低廉。这一级的火箭是整个"德尔塔"4型火箭的核心,也是公共级,通常称为芯极。

"德尔塔"4型运载火箭的第二级与"德尔塔"3型运载火箭的第二级是完全相同的,但有直径4米和直径5米两种规格,用于发射不同直径的运载火箭。

整流罩的直径一种是4米,一种是5米。后者为加大的方案,用于

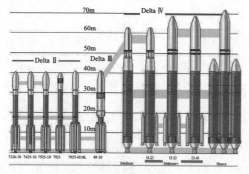

美国"德尔塔"系列运载火箭

"德尔塔"4中型的衍生构型和重型构型。

"德尔塔"4型重型运载火箭于2004年12月10日在卡纳维拉尔角的肯尼迪航天中心发射，也是较受关注的重型运载火箭之一，低地球轨道运载能力可达23吨，地球同步转移轨道的运载能力可达13吨。这是美国现役已执行发射任务的最大型的运载火箭，其运载能力还可将11吨的有效载荷送上月球，将8.8吨的有效载荷送入火星轨道。

"宇宙神"系列

"宇宙神"系列运载火箭（Atlas，也称作"阿特拉斯"火箭）的前身来自SM-65"宇宙神"导弹。"宇宙神"导弹的名称由卡莱尔·查理·博萨特提出，卡莱尔·查理·博萨特是美国洲际导弹的奠基人，他在德国V-2导弹的基础上提出了新型的贮箱结构、分离弹头和摆动喷管等多项新技术。他将所研制的洲际导弹用希腊神话"宇宙神"命名，以体现这是当时最强、最有力量的一种战略武器。

SM-65"宇宙神"导弹于1957年12月17日首次发射成功。之后，一共有约350枚"宇宙神"导弹被制造出来并且部署在美国各地。这些"宇宙神"导弹退役后，大部分扮演了运载火箭的角色。

第一枚由"宇宙神"导弹改装而来的运载火箭，于1958年12月18日发射成功，搭载了一颗轨道通信卫星，这是首次用运载火箭发射的通信卫星，不过这还只是一颗试验用的通信卫星。1962年2月20日，美国宇航员约翰·格伦，搭乘

SM-65"宇宙神"导弹发射，这是"宇宙神"运载火箭的原型

由"宇宙神"运载火箭运载的飞船进入太空，实现了美国人的首次进入地球轨道飞行。在 1962 年至 1963 年间，"宇宙神"运载火箭运送了另外三位"水星"计划的宇航员进入太空。在"双子座"计划中，使用"宇宙神"运载火箭运送了太空对接舱段，实现了美国人的首次太空行走。

在 20 世纪 60 年代初期，"宇宙神"运载火箭第二级采用"爱琴娜"火箭，因此称之为"宇宙神-爱琴娜"火箭，美国空军和美国国家情报局用它发射了多枚间谍卫星。而美国国家航空航天局则用这款运载火箭进行了多次行星探索的发射，包括发射了"水手"2 号对金星进行了探测，这是人类第一个飞抵其他行星的人造物体。从 1963 年起，"半人马座"火箭取代了"爱琴娜"火箭作为"宇宙神"运载火箭的第二级，称之为"宇宙神-半人马"运载火箭。

"宇宙神"运载火箭经过一系列的改进，到了 20 世纪 90 年代后，"宇宙神"1 号和 2 号运载火箭成了美国间谍卫星、通信卫星与商业卫星发射的主力军。其中"宇宙神"2 号运载火箭发射了 63 次，均获得了成功。

"宇宙神"1 号和"宇宙神"2 号运载火箭有一个非常有意思的设计，称为"一级半"方案，即第一级火箭有 3 台发动机，起飞时同时点火，但在火箭爬升到一定高度后，抛掉其中的 2 台发动机。这种中途抛弃发动机的方案，在运载火箭发展史上也是绝无仅有的。

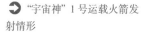
"宇宙神"1 号运载火箭发射情形

"宇宙神"2号运载火箭发射升空

到了"宇宙神"3号运载火箭时，已不再采用这种半道抛弃发动机的方案，而在第一级采用一台RD-180火箭发动机，第二级仍使用"半人马座"火箭，可以安装一台或两台RL10火箭发动机。RD-180火箭发动机来自俄罗斯，采用液氧煤油作为燃料，是一款性能非常高的火箭发动机。"宇宙神"3号运载火箭在2000年至2005年间共计进行了6次发射。

在"宇宙神"3号运载火箭的基础上，由两家公司合资成立的机构研制出了新型"宇宙神"5号运载火箭，仍采用俄罗斯的RD-180火箭发动机。

"宇宙神"5号运载火箭从2002年8月（第一次发射），到2015年10月，共计进行了58次发射，成功率近乎完美，仅有2007年6月15日在发射两颗海洋监测卫星时，由于第二级的"半人马座"火箭发动机提早关机，导致卫星进入了低于预期的轨道，但发射任务总体来说还算成功。除过这一点点的遗憾外，"宇宙神"5号运载火箭的发射至今仍保持着傲人的战绩。

"大力神"系列

"大力神"运载火箭是美国以 LGM-25 太阳神洲际弹道导弹为基础研制的一次性使用运载火箭,从 1959 年至 2005 年共计发射 368 次。"大力神"运载火箭曾用于 20 世纪 60 年代的双子星载人计划,至 20 世纪 80 年代末曾多次用于各种军事用途卫星的发射。"大力神"也用于发射进行火星、木星、土星、天王星和海王星的行星探测的星际科学探测器。

"大力神"1 号为"大力神"系列运载火箭的最初版本,以液氧煤油作为燃料。"大力神"2 号采用四氧化二氮和偏二甲肼作为氧化剂和燃料。"大力神"2 号最为重要的用

"宇宙神"5 号 551 型运载火箭在卡纳维拉尔角 41 号发射台发射

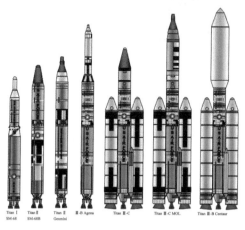

"大力神"运载火箭家族

"大力神"1 号运载火箭发射

途是在 20 世纪 60 年代的双子星载人太空计划中用于太空飞船的发射，两次双子星无人飞船和十次载乘两名宇航员的有人飞船发射，均获得了成功。"大力神" 3 号以"大力神" 2 号为基础改良而成，可选择配置固体火箭助推器，从而形成了"大力神" 3 号 A、B、C、D、E 多个衍生型号。

"大力神" 4 号则是在"大力神" 3 号基础上研制的更大的版本。一级火箭配置固体火箭助推器，主要用于发射美国军事用途卫星，但也有科学探索目的的发射任务，如 1997 年将美国国家航空航天局及欧洲空间局的"卡西尼-惠更斯"号飞船运送至土星。

"大力神" 4 号运载火箭的运载能力与航天飞机相当，近地轨道有效载荷可达近 22 吨。该型运载火箭由两枚大型固体火箭助推器和两级液体火箭组成，发射后 2 分钟内仅由固体火箭助推器提供推力，发射约 2 分钟后，第一级火箭的液体火箭发动机点火工作。

"大力神" 4 号运载火箭发射共计 39 次，其中失败 4 次。1993 年，"大力神 4 号"的固体助推器在起飞 101 秒后发生爆炸。1998 年在

1997 年 10 月 15 日，"大力神" 4 号运载火箭发射"卡西尼"土星探测器

卡纳维拉尔角发射美国海军的一颗卫星时，飞行 40 秒后失败，发生了最严重的事故。电气故障导致火箭突然向下倾斜，由此产生的空气动力学压力导致其中一个固体火箭助推器分离，45 秒时地面指令官发出了自毁指令，以确保其他助推器能够安全地销毁。1999 年 4 月 9 日和 30 日，"大力神" 4 号 B 型火箭进行了两次军事卫星的发射，均告失

"大力神" 4 号 B 型运载火箭于 2005 年 10 月 19 日在范登堡空军基地进行了最后一次发射

败，加上 1998 年那次，共计连续 3 次发射失败，经济损失高达 30 多亿美元，这在美国航天发射史上是少有的失败记录。

"大力神" 4 号运载火箭的第一、二级液体火箭发动机的燃料都采用偏二甲肼和联氨的混合物，氧化剂采用的四氧化二氮，两种推进剂混合后可自行点燃，也可以在燃料贮箱中长期存放。偏二甲肼是一种有毒的推进剂，这样的推进剂对于洲际导弹而言或许可以接受，但用于运载火箭已经不符合时代的需求。另外，与液氢液氧或液氧煤油推进剂相比，偏二甲肼与四氧化二氮推进剂的性能也不够理想，因此 2005 年 10 月 19日在范登堡空军基地，"大力神" 4 号运载火箭进行了最后一次发射，从此退出了历史舞台，取而代之的是具有相近运载能力的 "德尔塔" 4 型运载火箭。

2.2 俄罗斯的运载火箭

"卫星号" 运载火箭

第二次世界大战之后，苏联与美国一样，也从缴获的战利品中分得了一部分德国的 V-2 导弹以及相关的技术人员。于是，苏联专家在 V-2 导弹的基础上开始研制 R-1 和 R-2（国内早期文献称为 P-1、P-2，这里采用目前国际通行的名称 R-1、R-2，以下 R-3、R-7 同）近程弹道导弹、中远程弹道导弹以及洲际弹道导弹。

1947 年提出的 R-3 远程洲际导弹射程达到了 3000 千米，弹头重量 3 吨。素来敢想敢做的苏联人把三枚 R-3 导弹捆绑在一起，组成了射程更远的洲际弹道导弹，同时也具备了作为运载火箭的发射能力。可惜，这个方案的入轨运载能力有些偏小，不到 3 吨，几经论证之后，该方案被放弃。

发展更大射程和更大运载能力的洲际导弹和运载火箭，都需要有新型的大推力液体火箭发动机。经过几年的摸索与试验，苏联人终于找到了一条研制大推力发动机的技术途径，即采用多燃烧室的再生冷却式循环方案，多燃烧室发动机可缩短发动机的长度，并减轻发动机的质量，还能有效地解决单一大尺寸燃烧室所存在的燃烧不稳定等问题。再生冷却技术的应用，更增加了发动机的工作时长、工作寿命以及可靠性。

1954 年，苏联人利用多燃烧室大推力发动机和并联捆绑技术研制了第一枚洲际弹道导弹R-7。火箭的总设计师科罗廖夫认为，R-7 导弹经过一定的改造后，可以用于发射人造地球卫星，而且可以抢在美国人之前将人类第一颗人造地球卫星发射到轨道上。于是 1956 年 1 月 30 日，苏联政府决定在 R-7 导弹的基础上研制运载火箭，计划在 1957 年至 1958 年间发射第一颗人造地球卫星。

初步设计的卫星重量在 1000~1400 千克范围内，所携带的科学仪器重量为 200~300 千克。但卫星的研制、制造与调试工作较为复杂，周期较长，如果等这样的一颗卫星研制出来，恐怕要拖慢进度，会被美国人赶超。

于是，科罗廖夫提出先用 R-7 稍加改造后的运载火箭发射两颗简单的卫星，以便赢得宝贵的时间。第一颗简单的卫星重量只有 25 千克，第二颗稍大些，为直径 450 毫米的球形，重量 40~50 千克，预计的轨道高度为 225~500 千米，卫星上的仪器为短波发射机及其电源，可持续工作 7~10 天。苏联政府完全采纳了科罗廖夫的建议，并调动各部门全力配合。

1957 年 8 月 21 日，R-7 洲际弹道导弹首次发射成功，同年 10 月 4 日，苏联成功发射了第一颗人造地球卫星，标志着人类征服太空的时代到来了。仅仅一个月之后，11 月 3 日，第二颗人造地球卫星也发射成功。

原计划的那颗功能较为齐全、重量也较大的卫星，作为第三颗人造地球卫星，于 1958 年 5 月 15 日才发射成功，而三个月前，美国也把自己的卫星送入了太空。如果不是科罗廖夫的决断，世界上第一颗人造地球卫星必然是要被美国抢先发射的。

苏联用来发射这前三颗卫星的运载火箭就称为"卫星"号运载火箭。"卫星"号运载火箭是两级液体火箭，确切地说是一级半火箭，第一级和第二级同时在地面点火。火箭由

🔺 将第一颗人造地球卫星"斯普特尼克"送入太空的"卫星"号运载火箭及其模型图

中间较长的芯级和四个在四周侧挂的助推器组成，如果要按火箭级划分的话，四个助推器为一级，芯级为二级。但如果认为助推器就是起到助推的作用，不能算为一级，只能勉强算作"半级"的话，那么"卫星"号运载火箭也可定义为"一级半"的火箭。

"卫星"号运载火箭奠定了苏联航天事业的基础，成为苏联后来广泛采用的标准运载火箭。在"卫星"号火箭的基础上加上第三级、第四级，

以及更高级火箭，就构成了"东方"号、"闪电"号和"联盟"号运载火箭，其在外形上都继承了"卫星"号运载火箭斜置锥形助推器的特征。这些型号的运载火箭先后发射了大量的人造地球卫星、载人飞船、货运飞船以及月球、金星、火星等的探测器。

由"卫星"号发展出的几款运载火箭

"卫星"号运载火箭发射了 3 次，其中包括苏联也是全人类的第一颗人造地球卫星。为了发射重量更大、尺寸更大的卫星和载人飞船，苏联在"卫星"号的基础上发展出了"东方"号、"闪电"号以及"联盟"号。这三款火箭属于同一系列，基本结构相似，都是采用芯级加 4 个捆绑助推器组成，与"卫星"号运载火箭不同的是增加了第二、三级。这些运载火箭由科罗廖夫设计局进行总体设计，格鲁什科设计局负责研制第一和第二级发动机，科斯伯格设计局负责研制第三级发动机。

"东方"号、"闪电"号和"联盟"号是苏联以及俄罗斯使用历史最长、发射次数最多的运载火箭。

"东方"号是在"卫星"号的基础上增加了液氧煤油液体火箭发动

🛰 苏联"东方"号运载火箭

机的第二级，其低轨道运载能力为 4730 千克，太阳同步轨道运载能力为 1840 千克。

"东方"号运载火箭于 1959 年首飞，曾成功发射了苏联的第一个月球探测器和世界上第一艘载人飞船。该运载火箭主要用于发射"东方"号飞船、"宇宙"号飞船、极轨遥感卫星、气象卫星、科学卫星和军事侦察卫星。1988 年 3 月，"东方"号运载火箭将印度的一颗遥感卫星送入太阳同步轨道，这是苏联运载火箭的首次商业发射。

"闪电"号运载火箭的改进之处是将第二级改用更大推力的发动机，并增加了第三级，于 1960 年首飞。

"闪电"号运载火箭主要用于发射"闪电"号通信卫星、用于预警的"宇宙"号卫星，以及科学实验卫星，也发射过月球、金星以及火星的探测器。

⬆ 苏联"闪电"号中型运载火箭模型图

在"东方"号运载火箭的基础上，第二级换用更大推力的发动机，这就形成了"联盟"号运载火箭，主要用来进行低地球轨道的发射任务，运载能力为 7240 千克，于 1966 年首飞，发射过"联盟"号载人飞船、"进步"号货运飞船、照相侦察卫星、遥感卫星、生物卫星等。

"联盟"号运载火箭是世界上发射次数最多的运载火箭，其发射频率高达每年 40~45 次，在 20 世纪 80 年代初期，甚至达到了每年 60 次。截至 2018 年，"联盟"号运载火箭已累计发射了 1700 多次，远远超过世界上任何一款运载火箭。2011 年之后，由于美国航天飞机的退役，"联盟"号成为运送宇航员前往国际空间站的唯一一款运载火箭。

除了"东方"号运载火箭发射率较低外，"闪电"号和"联盟"号都保持着较高的发射率和成功率，

⬆ 用于载人飞船发射的"联盟"号 FG 型运载火箭

为苏联和俄罗斯的航天事业发展做出了巨大的贡献。

"质子"号运载火箭

苏联早期的几款运载火箭都是从弹道导弹发展而来，而"质子"号运载火箭则是全新设计，专门用于航天发射。"质子"号的研制工作始于 1961 年，设计和研制工作由切洛梅设计局牵头，制造工作由赫鲁尼切夫工厂负责。科罗廖夫设计局、格鲁什科设计局、科斯伯格设计局和伊萨耶夫设计局也承担了部分的研制工作。

"质子"号在苏联的运载火箭家

族中自成系列，包括两级的 D 型、三级的 D-1 型和四级的 D-1-e 型，最新型为"质子-M"运载火箭。两级型的"质子"号发射次数不多，后两种的前三级均采用偏二甲肼和四氧化二氮作为推进剂，四级火箭的第四级采用的是由科罗廖夫设计局研制的液氧煤油发动机。

D-1 型"质子"号运载火箭，于1968 年首次发射，近地轨道运载能力提高到了约 20 吨，曾被用来发射过"礼炮"1 号和"和平"号空间站。D-1-e 型增加了采用液氧煤油发动机的第四级，于 1967 年首次投入使用，可用于发射地球静止轨道卫星，还可用于发射月球、金星和火星的探测器。该运载火箭还曾向哈雷彗星发射了"维加"号系列探测器，以及苏联的全球导航卫星系统的卫星。

"质子-M"是"质子"号运载火箭家族最新型号，相对于以前的"质子"号做了许多的改进，使用了更先进的上面级，改进了箭体结构。"质子-M"的近地轨道运载能力为25 吨，地球同步转移轨道 7.5 吨，是世界上主流的重型运载火箭，与美国的"德尔塔"4 型、欧洲空间局（简称欧空局）的"阿丽亚娜"5型火箭和我国的"长征"五号火箭

"质子"号运载火箭的发射瞬间

处于同一水平。

各型"质子"号运载火箭已累计发射 400 多次，但成功率不高是其存在的主要问题，从 1965 年至1994 年底，"质子"号运载火箭共发射 224 次，其中失败 25 次，成功率约为 88.9%。自 1970 年 1 月至1989 年 4 月 1 日，"质子"号火箭发射 132 次，失败 10 次，成功率约为 92.4%。新型的"质子-M"运载火箭的表现也不佳，2013 年 7 月 2日，"质子-M"升空不到一分钟就坠毁爆炸，事故原因竟然是角速度传感器被装反了。2014 年 5 月 16日，"质子-M"火箭在发射升空后，

● "质子-M"型运载火箭

第三级发动机出现故障，导致火箭在大气层中爆炸。后经调查，发动机的部分关键零部件存在以次充好的问题，导致所有发动机被召回进行检查。

"质子"号运载火箭与苏联/俄罗斯的其他运载火箭相比，是发射成功率最低的一个型号，但其运载能力是目前俄罗斯现役火箭中最大的，其地位仍不可替代。

"天顶"号运载火箭

"天顶"号是苏联解体前研制的一款较为先进的运载火箭，最初是计划作为"能源"号运载火箭的捆绑式助推器，但由于"能源"号的

下马，该用途也就不复存在了。随后的考虑是在加装第二级后作为独立的运载火箭使用，同时计划用"天顶"号作为俄罗斯新一代载人飞船"快船"号的备份运载工具。该型运载火箭于1985年10月22日首次用于卫星发射。

"天顶"号火箭的生成设备在乌克兰，苏联解体后，俄罗斯曾考虑放弃"天顶"号，另行研制一款名为"安加拉"号的运载火箭。但新火箭研制出来之前，俄罗斯只能选择与乌克兰继续合作。

"天顶"号运载火箭有两级和三级两个版本，这两个型号都没有捆绑助推器，这在大中型运载火箭中是非常少见的。两级的"天顶"号火箭是基本型，全长57米，直径3.9米，低地球轨道运载能力为13.7吨，其第一级曾用作"能源"号运载火箭的助推器。三级的"天顶"号运载火箭，长度为61.4米，所增加的第三级采用的是可重复启动的单推力室发动机，推进剂为液氧煤油。这个发动机最初是科罗廖夫设计局为苏联 N-1 登月火箭研制的，登月计划失败后，用于"质子"号运载火箭的第四级和"天顶"号运载火箭的第三级。加上第三级后的"天顶"号用于发射地球静止轨道卫

星，以及行星际探测器。

"天顶"号的改进方案很多，如四级火箭的方案用于提高在高纬度发射地球静止轨道卫星时的有效载荷能力，捆绑助推器的重型"天顶"号可以使低地球轨道运载能力达到 25 吨，还有空射型的"天顶"号，等等。

20 世纪末，乌克兰和俄罗斯共同开发了海射型的"天顶-3SL"运载火箭，由乌克兰、俄罗斯、美国、挪威四国共同控股的海上发射公司进行发射。发射场是位于太平洋赤道附近的奥德赛发射平台，这是由一座半潜式石油钻井平台改装成的移动发射平台，并伴随有一艘发射控制保障船。由于发射纬度较低，火箭的有效载荷有了很大的提高，地球同步转移轨道的运载能力从 3.8 吨提高到了 6.9 吨。"天顶-3SL"运载火箭从 1999 年首次发射以来，已经成功地进行了 32 次海上发射。

"天顶-3SL"运载火箭的海上发射平台

"能源"号运载火箭

20 世纪 70 年代，美国开始了航天飞机的研制工作，苏联也启动了一个相对应的航天运载器的研制工程，这就是"能源-暴风雪号"计划。"暴风雪"号是航天飞机的入轨航天器，而"能源"号是作为"暴风雪"号的助推器，将"暴风雪"号安装在"能源"号的一侧，这种构型与美国航天飞机的形式是一样的。但不同的是，"能源"号也可以作为独立的运载火箭来使用，它是苏联历史上发射成功的纪录中载荷最大、运载能力最强的运载火箭。

"能源"号的研制工作由能源科研生产联合体（其前身是科罗廖夫设计局）负责，从 1974 年开始，历时 13 年。该运载火箭采用模块化的设计，基本结构为一个芯级加 4 个、6 个甚至 8 个液体捆绑助推器，其中捆绑 4 个助推器是基本方案。所捆绑的助推器也可以独立使用，它就是前一节所提到的"天顶"号运载火箭。

"能源"号的芯级和助推器在起飞时同时点火工作，所以也可以称为一级半的构型。火箭全长 58.765 米，芯级直径 7.75 米，最大横向尺寸 17.65 米。捆绑 4 个助推器时，可将 105 吨有效载荷送入 200 千米、倾角 51.6 度的低地球轨道。当使用 6 个或 8 个助推器时，这样的载荷能力可达 150 吨或 200 吨。"能源"号还可将 18 吨的有效载荷送入地球同步静止轨道，月球转移轨道和月球轨道的运载能力分别为 30~32 吨和 21~23 吨，火星和金星转移轨道的运载能力为 26~28 吨。

"能源"号运载火箭还有一个特点，就是用完的助推器可以回收后再利用，着陆器的落点距离发射场约 400~500 千米，不是特别远的距离。回收后的助推器用安-124 飞机运回发射场加注燃料后，可再次重复使用，按设计可重复使用 10 次。

"能源"号的助推器就是"天顶"号运载火箭的第一级，推进剂为液氧煤油。芯级全长 58.7 米，直径 7.75 米，采用低温液氢液氧发动机，发动机带 4 个推力室，可向各个方向偏转 11°。星箭分离时，火箭的飞行速度还没有达到入轨的要求，还差 100 米/秒，这就需要由上面级发动机来提供。分离后，芯级箭落在距离靶场约 2 万千米处的印度洋上。

1987 年 5 月 15 日，"能源"号做了第一次的发射，搭载了一艘试验飞船，但由于软件错误导致芯级发动机提前停止工作，飞船没能进入预定轨道。

1988 年 11 月 15 日，"能源"号进行了第二次发射，顺利将"暴风雪"号航天飞机送入预定轨道，航天飞机绕地球飞行两圈后，返回地面，降落在拜科努尔航天发射场。

"能源"号运载火箭生不逢时，没几年苏联就解体了，"暴风雪"号航天飞机计划"无疾而终"。之后，破败不堪的机体静静地躺在拜科努尔航天发射场附近的机库里。

⬆ 火箭"怪兽"——苏联"能源"号运载火箭模型

⬆ 用于发射"暴风雪"号航天飞机的"能源"号运载火箭模型

2.3 欧洲的运载火箭

欧洲各国在综合国力和航天技术实力方面都难以与美国、俄罗斯相抗衡，但依靠各自的科技和经济实力在航天领域也各有建树，英国、法国、意大利等都有自己研制的运载火箭。作为统一的欧洲在航天领域的体现，欧洲空间局（简称欧空局）集合了欧洲主要航天参与国的科研能力，研发了"阿丽亚娜"系列运载火箭，成为世界航天发射市场上最活跃的一分子。

"钻石"号系列运载火箭

"钻石"号系列运载火箭为法国第一个完全自主、不由美国或苏联协助研制的运载火箭，它由德国"二战"时期著名的V-2导弹发展而来。就在法国的火箭工程师在研制"钻石"系列运载火箭的同时，法国的卫星工程师们则在设计和制造法国的第一颗人造地球卫星——"阿斯特克斯"（重42千克）。1965年11月26日，"钻石"A型运载火箭搭载着"阿斯特克斯"升空，从此法国成为世界上第三个使用自己研制的运载火箭将自己研发的卫星送入近地轨道的国家。"钻石"系列运载火箭则成了代表"二战"后法国导弹和火箭工业开始快速发展的一座丰碑。"钻石"号系列运载火箭为其后的"欧罗巴"运载火箭打下了基础。

1970年3月首次发射成功的"钻石"B型火箭，第一级的腰部有一条红色的斜斜的绶带，这个设计不仅仅是为了好看，而主要用来方便观测火箭的滚转角

"黑箭"号运载火箭

"黑箭"号运载火箭是英国用于发射卫星的运载火箭，也是英国唯一发射成功的运载火箭。1971年"黑箭"号运载火箭在第四次发射中，成功地将一颗名为"普罗斯帕"的人造卫星（重65.8千克）送入轨道，英国继苏、美、法、日、中五国之后，成为第六个能够独立发射卫星的国家。在此之后，英国停止发展本国运载火箭，"黑箭"成为英国唯一发射成功的运载火箭，所载卫星也就成了英国自己发射的第一颗也是最后一颗卫星。

"黑箭"火箭看起来非常短粗，这是由于其第一级采用了8台布里斯托尔Gamma

英国"黑箭"运载火箭起飞升空

"黑箭"火箭的第一级采用了8台布里斯托尔Gamma 8型液体火箭发动机

现保存在澳大利亚伍默拉镇(Woomera)
火箭公园中的"黑箭"运载火箭

8型液体火箭发动机，两两为一组，分为四组。喷管可调节方向，在产生巨大起飞爬升推力的同时，还可以保持火箭的平衡并控制火箭的飞行方向。

"欧罗巴"号系列运载火箭

合作开发是欧洲各国进行大型科技工程开发的特点，运载火箭的研制也是如此，英法在经历了各自的火箭研制之路后，联合比利时、德国、荷兰、意大利，开始共同研制运载火箭，主要目标是开发欧洲独立自主的航天发射工具。

"欧罗巴"运载火箭的近地轨道有效载荷约为200千克，英国负责火箭的第一级，法国负责第二级，德国负责第三级，意大

"欧罗巴-1"运载火箭准备发射中

"欧罗巴-1"运载火箭点火发射

利负责火箭头部整流罩，荷兰与比利时负责跟踪系统的研发。

"欧罗巴号"运载火箭于1971年11月在法属圭亚那的库鲁发射场进行了一次发射，但没有成功。

该计划是欧洲合作进行运载火箭研制的开始，项目于1972年取消，进而开始了"阿丽亚娜"运载火箭的合作研制。

"阿丽亚娜"系列运载火箭

"欧罗巴"系列运载火箭的研制将欧洲的航天力量集合在了一起，虽然发射并不顺利，但却是欧洲在统一的框架下发展航天事业的开始。随后，欧空局启动了"阿丽亚娜"系列运载火箭的研制项目，作为欧洲联盟各国或其他国家进行空间活动的一次性使用运载系统。

发射"阿里亚娜"火箭的库鲁航天发射场位于南美洲法属圭亚那境内，这是非常靠近赤道的低纬度发射场，在这里发射运载火箭，可极大地提高火箭的运载能力。

"阿里亚娜"运载火箭为欧洲提供了一个进入太空的独立途径，而这是欧洲全面战略中的一个非常重要的方面，此外还包括由欧洲提供的卫星、地面站、高技术服务和其他应用。"阿丽亚娜"运载火箭在世界商业航天发射市场上占据了约60%的份额，因此从其商业额来看已经成了最令欧洲骄傲的空间成就。

"阿丽亚娜"1号是一款三级运载火箭，是由弹道导弹改进而来，前两级采用偏二甲肼与四氧化二氮自然型推进剂，第三级采用低温的液氢液氧推进剂。"阿丽亚娜"2~4号是在1号基础上的改进，主要是改进了发动机，增加了第一级和第三级的长度，以容纳更多的推进剂，从而增大有效载荷，改进后的最大载荷能力可以同时进行两颗卫星的发射。

"阿丽亚娜"5号有别于前面四款运载火箭，几乎是全新的设计，研制工作于1988年启动，由欧空局总负责，法国航天中心负责管理整个项目。"阿丽亚娜"5号从设计之初就明确是为商业发射市场和近地轨道开发利用而研制的，将用于向地球同步转移轨道和太阳同步轨道发射各种类型的卫星，向近地轨道发射无人航天器，并可为国际空间站提供发射服务。

"阿丽亚娜"5号的芯级采用高性能的低温液氢液氧发动机，一级捆

🚀 法国勒布尔日航空航天博物馆中的欧洲火箭"阿丽亚娜"5号运载火箭模型

🚀 2013年6月，"阿丽亚娜"5号运载火箭搭载欧洲无人货物补给飞船准备发射中

绑了2枚大型固体火箭助推器，二级采用双组元发动机，火箭结构非常简单，有利于提高火箭的可靠性。欧空局首先研制成功了"阿丽亚娜"5号运载火箭的基本型，接着又进行了一系列的改进研发，形成了"阿丽亚娜"5号系列运载火箭。"阿丽亚娜"5号的近地轨道运载能力可达21吨，地球同步转移轨道运载能力可达10.5吨。

2012年12月，欧空局部长级会议决定启动"阿丽亚娜"6号运载火箭的研制工作，以满足欧洲日益增长的对运载火箭的发射需求。2013年7月9日，法国国家空间研究中心和欧空局公布了"阿丽亚娜"6号运载火箭的设计方案，设计将采用四个几乎完全相同的固体助推器，每个助推器都装填135 000千克固体推进剂。第三级则采用了法国赛峰集团正在为"阿丽亚娜-5ME"火箭研制的芬奇发动机。预计"阿丽亚娜"6号将于2021年至2022年间首飞，以替代现役的"阿丽亚娜"5号运载火箭和俄罗斯的"联盟"号运载火箭。

"织女星"运载火箭

"阿丽亚娜"5 号运载火箭满足了大中型卫星发射市场的需求，而"织女星"运载火箭则是设计用来发射小型卫星，可将重量在 300~2000 千克之间的科学卫星或地球观测卫星，送至太阳同步轨道或低地球轨道。

"织女星"运载火箭由意大利太空总署与欧洲空间局于 1998 年合作研发，2008 年首次发射，意大利为资金主要贡献者，占 65%，欧空局其他各国分别承担一部分的研发资金。"织女星"火箭的运载能力可将 1500 千克的航天器送至 700 千米的太阳同步轨道。

↑ "阿丽亚娜"6 号运载火箭的两个版本模型：有两个（左）和四个（右）固体火箭助推器

↑ 发射架上正准备发射的"织女星"运载火箭

2.4 日本的运载火箭

日本自"二战"之后一直在持续发展航天技术，已经研发了 L 系列、Mu 系列、N 系列、H 系列、J 系列等型号的运载火箭。

L 系列火箭是日本最早期的火箭，大部分为不具有入轨能力的探空火箭，其中 L-4S 火箭是多级固体运载火箭。自 1964 年 5 月开始，L-4S 运载火箭进行了多次飞行试验。1970 年 2 月 11 日，L-4S-5 火箭成功发射了日本第一颗人造卫星"大隅"号。L-4S-5 火箭为四级，箭长 16.5 米，最大直径约 1.4 米。

Mu 系列运载火箭是日本研制的固体燃料运载火箭。第一枚 Mu 火箭 Mu-1 于 1966 年 10 月 31 日进行了单次亚轨道试飞。随后，研制了一系列火箭，分别命名为 Mu-3 和 Mu-4。1969 年，Mu-3D 进行了亚轨道试验。1970 年 9 月 25 日，使用 Mu-4S 对 Mu 家族进行了第一次轨道发射尝试，但第四级发动机点火失败，火箭未能进入预定轨道。1971 年和 1972 年 Mu-4S 又发射了两次。随后，Mu-4S 被 Mu-3C 取代，1974 年至 1979 年间发射了四

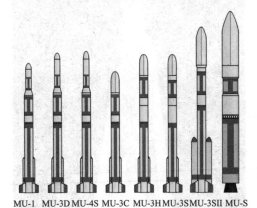

MU-1 MU-3D MU-4S MU-3C MU-3H MU-3S MU-3SII MU-S
(M-V)

🔅 日本 Mu 系列运载火箭(示意图)

🔅 日本 Mu-5 三级固体运载火箭点火发射

次，三次成功，一次失败。1977 年和 1978 年进行了三次 Mu-3H 火箭发射。Mu-3 家族的最后一名成员是 Mu-3SII，在 1985 年至 1995 年间发射了八次。

Mu-5（也称 M-V）是日本于 20 世纪 90 年代研制的较大的三级固体燃料运载火箭。火箭长 30.7 米，直径 2.5 米，总重约 140 吨，可将 1800 千克的卫星送至 250 千米的低地球轨道。该火箭采用了运载火箭少有的倾斜发射方式。

N 系列火箭是日本引进美国的"雷神-德尔塔"火箭技术后研制成功的系列火箭。这一系列包括两个型号：N-1 火箭和 N-2 火箭。N-1 火箭有三级，总长为 32.6 米，最大直径 2.44 米，起飞重量 90 吨，近地轨道的有效载荷重 1.2 吨，地球同步转移轨道的有效载荷重 260 千克。N-2 火箭总长 35.4 米，起飞重量 136 吨，近地轨道有效载荷为 2 吨，地球同步转移轨道的有效载荷为 680~715 千克。

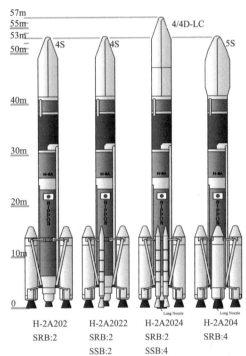

日本 H-2 系列运载火箭（示意图）

H 系列火箭也有两个型号：H-1 型和 H-2 型。H-1 是一种三级常规燃料火箭，全长 40.3 米，直径 2.4 米，总重达 140 吨，可把 1 吨重的卫星送入地球同步转移轨道。H-2 是一种两级液氢液氧燃料火箭，全长 50 米，直径 4 米，总重 260 吨，可把约 9 吨的有效载荷送上近地轨道，把 2 吨的有效载荷送上地球同步轨道。H-2 火箭是日本目前最大的运载火箭，它的投入使用，使日本的运载火箭能力提高到一个新的水平。

J 系列火箭全长 33.1 米，直径 1.8 米。是在 Mu-3S 火箭的基础上发展起来的三级固体燃料火箭，主要是用于发射小型卫星，能将约 1 吨重的有效载荷送入近地轨道。

2.5 中国的运载火箭

"长征"系列运载火箭是我国自行研制的航天运载工具,"长征"火箭从1965年开始研制,1970年"长征"一号运载火箭首次发射并将"东方红"一号卫星成功送入地球轨道。目前,"长征"火箭有"长征"一号、"长征"二号、"长征"三号、"长征"四号、"长征"五号、"长征"六号、"长征"七号和"长征"十一号,共8个系列,退役、现役和在研型号共有21种,其中可用于近地轨道发射的有16种,可用于中高轨道发射的有8种,基本覆盖了各种地球轨道的不同航天器的发射需要。其发射能力分别是:近地轨道25吨、太阳同步轨道15吨、地球同步转移轨道14吨。

"长征"系列运载火箭共完成了四代运载火箭的研制。

第一代:"长征"一号(CZ-1)、"长征"二号(CZ-2)

第一代运载火箭由战略弹道导弹改进而来,具有明显的战略武器型号特点,解决了我国运载火箭从无到有的问题。但其运载能力偏低,使用维护性差,靶场测试发射周期长,采用模拟控制系统。

第二代:"长征"二号丙系列(CZ-2C 系列)、"长征"二号丁

↑ "长征"三号 B 和"长征"五号火箭模型

（CZ-2D）、"长征"三号（CZ-3）、"长征"二号捆（CZ-2E）。第二代火箭在第一代火箭的基础上进行了技术改进，但仍然带有战略武器型号的痕迹，以原始状态 CZ-2C 火箭为基础，一、二级与 CZ-2C 火箭基本相同，采用有毒的四氧化二氮和偏二甲肼推进剂，采用了数字控制系统。

第三代："长征"二号 F（CZ-2F）、"长征"三号甲系列（CZ-3A 系列）、"长征"四号系列（CZ-4 系列）。第三代在第二代的基础上，持续开展提高可靠性方面的技术改进，采用系统级冗余的数字控制系统，增加了第三子级，任务适应能力大大提高；"长征"二号 F 型火箭为满足载人航天任务需求，增加了故障检测和逃逸系统，其任务可靠性大大提高；第三代运载火箭简化了发射场测控与发射流程，使用维护性能得到了提高。

第四代："长征"五号系列（CZ-5 系列）、"长征"六号系列（CZ-6 系列）、"长征"七号系列（CZ-7 系列）、"长征"八号系列（CZ-8 系列）、"长征"十一号系列（CZ-11 系列）等。第四代"长征"火箭采用无毒推进剂，对环境无污染；全箭采用统一的总线技术和先进的电气设备，火箭最大运载能力得到了大幅提升。

 "长征"系列火箭模型

2.6 其他国家的运载火箭

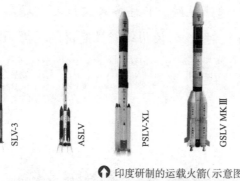

⬆ 印度研制的运载火箭(示意图)

印度

印度从 1973 年开始研发航天运载火箭，已成功研发了四种类型的运载火箭：卫星运载火箭(SLV-3)、大推力卫星运载火箭 (ASLV)、极地轨道运载火箭 (PSLV)、地球同步运载火箭 (GSLV)。

SLV-3 是四级固体运载火箭，全长 23 米，最大直径 1 米，起飞质量 16.9 吨，运载能力 40 千克。1980 年 SLV-3 运载火箭将一颗重 35 千克的"罗西尼"1 号卫星送入 400 千米的圆轨道，后来于 1981 年和 1983 年分别发射"罗西尼"2 号和"罗西尼"3 号卫星。

ASLV 是将两个 SLV-3 火箭的一级发动机作为助推火箭捆绑在 SLV-3 火箭芯级上而构成，为四级

◀ 印度 GSLV MK-II 运载火箭发射升空

固体运载火箭。全长 23.5 米，起飞质量 39 吨，运载能力 150 千克。1992 年和 1994 年分别成功发射 SORSS-C 和 SORSS-C2 科学卫星。

PSLV 为四级运载火箭，全长 45 米，最大直径 5.2 米，起飞质量 275 吨，运载能力为太阳同步轨道 1.105 吨，地球同步转移轨道 0.45 吨，400 千米近地轨道 3 吨，该火箭能将 1 吨的卫星送入 904 千米高度的太阳同步轨道。1994 年，成功发射 IRS12 卫星。

GSLV 为三级运载火箭，全长 49 米，采用低温氢氧发动机的上面级由俄罗斯提供，运载能力为地球同步转移轨道 2 吨。2001 年将 1.54 吨的卫星送入地球同步静止轨道。

🔵 印度 GSLV MK-III 型运载火箭即将发射

GSLV Mk-III 型运载火箭重 630 吨，近地轨道运载能力 10 吨，地球同步转移轨道运载能力 4 吨。该型运载火箭于 2014 年 12 月 18 日将一个无人的再入式飞船发射升空。

伊朗

"信使"号是伊朗第一种能将卫星送入近地轨道的运载火箭。"信使"号运载火箭在 2009 年 2 月 2 日首飞，并成功将"希望"号卫星送入预定轨道。

🔵 "信使"号运载火箭发射

朝鲜

"银河" 3 号是朝鲜研制的运载火箭，属于 "银河" 系列运载火箭，该型由 "银河" 2 号发展而来。火箭于 2012 年 4 月 13 日首次发射，火箭在空中解体，坠入黄海。2012 年 12 月 12 日第二次发射，获得成功，将一枚卫星送入轨道，比韩国的 "罗老" 号火箭更早成功升空。"银河" 3 号标志着朝鲜首次具备进入宇宙空间的能力。2016 年取得第二次成功，不过这次朝方声称这是 "光明星" 系列火箭，不再使用 "银河" 3 号的称呼。

🔊 朝鲜"银河"3 号运载火箭发射升空

第3章

动力之源——火箭发动机

>>>

3.1 固体火箭发动机

原理与结构

固体火箭发动机的诞生最早可追溯到我国宋代。当时所称的"火箭"，就是一个简单的固体推进剂的火药筒，里面装满了火药，开口的一端点火后可喷射出火焰气体，连接的长杆充当控制飞行方向的稳定系统。

古代的"火箭"所采用的推进剂是火药粉末的混合，现代固体火箭发动机则是采用浇注复合推进剂的方式制造，这是由美国航空航天工程师杰克·帕森斯于1942年在加州理工学院发明的。浇注式的推进剂药柱不会像粉末火药那样剧烈燃烧甚至会发生爆炸，这种工艺可制造出各种规格尺寸、并具有足够保质期的固体火箭发动机。这种安全可靠的固体火箭发动机，在"二战"期间被广泛用于航空母舰舰载机的起飞助推。

现代固体火箭发动机由药柱、燃烧室、喷管和点火装置等组成。典型的药柱是由推进剂和少量添加剂制成的中空圆柱体，中空部分为燃烧面。药柱的形式也是五花八门，除了圆环形界面的，其横截面形状还有星形、车轮形等。药柱置于

⬆ 第二次世界大战期间，美国开展的采用火箭助推起飞试验，这样可缩短飞机的起飞距离

燃烧室，也就是发动机的壳体。在推进剂燃烧时，燃烧室须承受 2500~3500℃ 的高温和 $1×10^2$~$2×10^7$ 帕的高压强，所以须用高强度合金钢、钛合金或复合材料制造，并在药柱与燃烧室内壁间装备隔热层，以免壳体被高温燃气熔化而被烧穿。

点火装置用于点燃药柱，通常由电发火管和火药盒组成。通电后由电热丝点燃黑火药，再由黑火药点燃药柱。

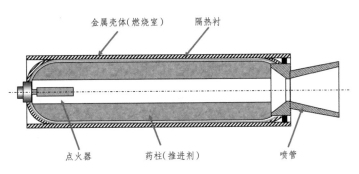

🔊 固体火箭发动机内部结构(示意图)

喷管除使燃气膨胀加速产生推力外，为了控制推力方向，常与推力向量控制系统相结合，通过摆动发动机喷管，或通过内置于喷管内部的燃气舵偏转，从而改变燃气喷射的角度，进而实现推力方向的改变。药柱燃烧完毕，发动机便停止工作。

🔊 改变火箭发动机燃气喷射的角度,实现推力方向的改变

固体火箭发动机属于化学火箭发动机，用固态物质作为推进剂。固体推进剂点燃后在燃烧室中燃烧，产生高温高压的燃气，即把化学能转化为热能；燃气经喷管膨胀加速，热能转化为动能，以极高的速度从喷管排出从而产生推力推动导弹向前飞行。这就是固体火箭发动机的基本原理。

固体火箭发动机与液体火箭发动机相比较，工作时间短，加速度大，但推力不易控制，难以重复启动。通常固体火箭发动机一经启动，就不能关闭，也不能重复点火启动，因此不利于载人飞行。

固体火箭发动机主要用作火箭弹、导弹和探空火箭的发动机，以及航天器发射和飞机起飞的助推发动机。

固体火箭的推进剂

推进剂是固体火箭的关键技术之一，固体推进剂是由氧化剂、燃料（可燃剂）和其他添加剂组成的固态混合物，按配方组分性质可分为单基推进剂、双基推进剂、复合推进剂、改性双基推进剂等；按质地的均匀性分为均质推进剂（如单基、双基推进剂）和异质推进剂（如复合推进剂和改性双基推进剂）；按能量水平分为高能、中能、低能推进剂，比冲大于 2450 牛·秒/千克（即 250 秒）为高能，2255（即 230 秒）~2450 牛·秒/千克为中能，小于 2255 牛·秒/千克为低能；按特征信号分为有烟、微烟、无烟推进剂。

固体推进剂中单基推进剂由单一化合物（如硝化纤维素，即硝化棉，简称 NC）组成，它的分子结构中包含可燃剂和氧化剂，溶于挥发性溶剂中，经过膨润、塑化、压伸成型（或称挤压成型）后，除去溶剂即可。单基推进剂由于能量水平太低，现代固体发动机不再使用。

双基推进剂理论比冲为 1660~2150 牛·秒/千克（170~220 秒），密度 1.55~1.65 克/立方厘米。双基推进剂主要由硝化纤维素、硝化甘油和一些添加剂组成，两种主要成分的分子结构中都含有可燃剂和氧化剂。硝化纤维部分溶于硝化甘油，加入挥发性或不挥发溶剂及其他添加剂，经溶解塑化，成为均相物体，使用压伸成型工艺即可制成不同形状的药柱。双基推进剂的优点是药柱质地均匀，结构均匀；有良好的燃烧性能，燃烧速度压力很小；工艺性能好，易于制造；具有低特征信号，排气少烟或无烟；常温下安定性、力学性能和抗老化性能较好；原料来源广泛，经济性好。缺点是能量水平和密度偏低，高、低温下力学性能变差。双基推进剂主要用于小型固体燃气发生器。

复合推进剂理论比冲为 2200~2600 牛·秒/千克（225~265 秒），密度 1.65~1.80 克/立方厘米。复合推进剂使用单独的可燃剂和氧化剂材料，以液态高分子聚合物黏合剂作为燃料，添加结晶状的氧化剂固体填料和其他添加剂，融合凝固成多相物体。为提高能量和密度还可加入一些粉末状轻金属材料作为可燃剂，如铝粉。复合推进剂通常以黏合剂的化学名称来命名。氧化剂通常占推进剂总重量的60%~90%，许多无机化学品可作为氧化剂，如高氯酸盐类（高氯酸钾、高氯酸铵、高氯酸锂），硝酸酯类（硝酸铵、硝酸钾、硝酸钠），现在使用最多的是含氧量较高的高氯酸铵（AP，又称过氯酸铵）。高分子聚合物既用作可燃剂又可作为黏合剂，常用的有聚硫橡胶、聚氨酯（PU）、聚丁二烯-丙烯腈（PBAN）、端羧基聚丁二烯（CTPB）、端羟基聚丁二烯（HTPB）、端羟基聚醚（HTPE）、聚氯乙烯等。其他添加剂一般有：调节燃烧速度的燃速调节剂；改善燃烧性能的燃烧稳定剂；比基本的黏合剂能更好地改善力学性能的增塑剂；降低机械感度的安定剂；改善储存性能的防老化剂；改善工艺性能的稀释剂、润湿剂、固化剂和固化催化剂等。除具有热塑性的聚乙烯类推进剂可使用压伸成型工艺外，一般都使用浇注法制造，工艺简单，适宜于制造各种尺寸的药柱。复合推进剂综合性能良好，使用温度范围较宽，能量较高，力学性能较好，广泛用于各种类型的固体火箭发动机，尤其是大型火箭发动机。

1942年，美国研制出了沥青高氯酸钾复合推进剂，40年代末出现了第一代复合推进剂聚硫橡胶推进剂。现在常用的有PBAN和HTPB推进剂。"民兵3"弹道导弹和航天飞机固体助推器采用PBAN推进剂，"和平卫士"MX弹道导弹的一、二级使用HTPB推进剂，法国的M4弹道导弹使用CTPB推进剂，我国的"巨浪-1"潜射弹道导弹也使用了CTPB复合推进剂。

改性双基推进剂包括复合改性双基推进剂（CMDB）和交联改性双基推进剂（XLDB）两类。理论比冲为2550~2646牛·秒/千克（260~270秒），密度1.75~1.80克/立方厘米。在双基推进剂的基础上大幅降低基本组分硝化纤维素和硝化甘油的比例，加入高能量固体组分，包括氧化剂高氯酸铵（AP）、高能炸药黑索金（RDX）、奥克托金（HMX）等以及可燃剂（铝粉等）。硝化纤维素（含氮量12%左右）被硝化甘油塑化作为黏合剂，或是硝化纤维素和硝化甘油双基母体作黏合剂，硝化甘油还作为增塑剂，再加入一些添加剂，混合后使用压伸成型或浇注成型工艺制成药柱，这就是复合改性双基推进剂（CMDB）。

在CMDB配方基础上加入高

分子化合物作为交联剂，它内含的活性基团与硝化纤维素上残留（未酯化）的羟基发生化学反应，生成预聚物。预聚物的大分子主链间生成化学键，交联成网状结构。预聚物作为黏合剂可以大幅改善推进剂的力学性能，这类推进剂就被称为交联改性双基推进剂（XLDB）。主要交联剂有异氰酸酯（如六亚甲基二异氰酸酯、甲苯二异氰酸酯）、聚酯（如聚乙交酯）、聚氨酯（如聚乙二醇）、端羟基聚丁二烯、丙烯酸酯等。改性双基推进剂的能量水平高于复合推进剂，广泛用于各种战略、战术导弹。美国的"三叉戟 C4"潜射战略导弹的所有三级发动机都使用了 XLDB 推进剂，称为 XLDB-70，它的配方中固体填料达到 70%（其中 43%HMX、8% AP、19% 铝粉），理论比冲为 2646 牛·秒/千克。

航天为何离不开固体火箭发动机

固体火箭发动机常常被用于导弹武器上，因此总是给人一种神秘的感觉。其实固体火箭发动机也广泛应用于航天运载火箭的发射，它具有先天"基因"上的优势。

固体火箭发动机具有大推力、可靠性高、发射操作简单、使用维护方便等优点，作为航天运载火箭动力的重要组成部分，历来在世界各国航天运载技术的发展中都占据了重要的地位，发挥着重要的作用。

固体火箭发动机结构相对简单，固体推进剂预先装填进发动机内，固体火箭运至发射场后，不需要再加注燃料，测试完成后即可实施发射，因而可以缩短发射的准备周期，确保安全发射。

固体推进剂化学性能也较为稳定，不怕泄漏，对储存的温度、湿度以及力学环境要求不苛刻。同时，固体火箭推进剂能量密度高，在相同运载能力条件下火箭可以做得更小、更轻，可以提高运输的灵活性，降低发射的成本。

因此，固体运载火箭集长期储存、检测快速和便于运输的特点于一身，正符合机动应急空间发射一些载荷的需要，机动性强的固体火箭在此有了很大的"用武之地"。

我国的"长征"十一号运载火箭，就是全部采用固体火箭发动机的新型四级运载火箭，也是我国"长征"系列运载火箭家族中第一个采用全固体火箭发动机的运载火箭型号。该型号火箭可进行快速机动发射，可满足自然灾害、突发事件等应急情况下的卫星发射任务。

"长征"十一号运载火箭全长 20.8 米，重 58 吨，起飞推力 120 吨，太阳同步轨道运载能力 400 千克，低地球轨道运载能力可达 700 千克。火箭在接到发射任务后，可在 24 小时内完成星箭发射的准备工作，到达发射架后发射准备时间不超过 1 小时，具有当日发射的能力。

2019 年 3 月 5 日，我国新研制的 200 吨推力固体火箭发动机地面热试车获得了圆满成功。该发动机采用高性能的纤维缠绕复合材料壳体，直径 2.56 米，装药量 71 吨，这比目前"长征"十一号所采用的直径 2 米，推力 120 吨的装药量增加了足足 1.5 倍多。如果采用这款新型的 200 吨推力的固体火箭发动机，"长征"十一号的太阳同步轨道的运载能力可从 400 多千克提高到 1500 千克，可以一箭多星的方式，发射多颗微小型卫星，这样就能更好地控制发射成本。

如果想让固体运载火箭具备更大的发射能力，就需要提高固体火箭发动机的推力，其中一项技术就是采用分段式的固体火箭发动机。分段式固体燃料发动机具有推力大、工作时间长，结构尺寸大等特点，是运载火箭实现大起飞推力的有效途径。采用分段技术，可大幅降低发动机技术难度、研制条件难度以及研制成本。同时可让固体燃料助推的能力倍增，也是实现固体发动机大型化的关键技术，目前在国际上分段对接技术被普遍使用，主要是将燃烧室分成若干段，每段燃烧室独立绝热、浇注，最终通过模块化组合装配，实现有限直径内大装药、大推力的技术需求。

我国航天工业部门也已经具备了研制分段式固体火箭发动机的能力，目前，直径 3 米二分段的大型固体火箭助推发动机也圆满完成了地面热试车。直径 3 米的固体火箭发动机将用于我国重型运载火箭的固体助推器中，可实现近地轨道运载能力达到 100 吨以上，可满足我国载人登月和深空探测的发展需要。

3.2 液体火箭发动机

　　液体推进剂火箭发动机，简称液体火箭发动机，顾名思义，是指采用液态的燃料和氧化剂作为能源和工质的火箭推进系统。

　　液体火箭发动机的基本组成包括推力室、推进剂供应系统和发动机控制系统等。液体推进剂贮存在推进剂贮箱内，当发动机工作时推进剂在推进剂供应系统的作用下，按照要求的压力和流量输送至燃烧室，经雾化、蒸发、混合和燃烧生成高温、高压燃气，再通过喷管加速至超声速排出，从而产生推力。

　　液体火箭发动机使用的推进剂可以是一种液态化学物质，即单组元推进剂，也可以是几种液态化学物质的组合，即双组元推进剂或三组元推进剂，它们均具有较高的能量特性。常用的单组元推进剂是肼，主要用于小推力发动机。双组元推进剂主要有液氧液氢、液氧烃类（煤油、汽油和酒精等）、硝酸烃类、四氧化二氮偏二甲肼等组合。

　　历史上第一枚液体火箭是由美国火箭专家罗伯特·戈达德于1926年发射的。德国火箭专家

德国二战期间研制的以液体火箭发动机作为动力的 Me 163 战斗机

冯·布劳恩的研究团队在第二次世界大战期间研制的 V-2 火箭，极大地促进了大型液体火箭发动机的发展。二战后，美国和苏联等许多国家研制出了大量的液体火箭发动机。液体火箭发动机作为最为成熟的火箭推进系统之一，具有较高的性能和许多独特的优点，目前被广泛应用于运载火箭、航天器以及导弹上。

有意思的是，液体火箭发动机虽然是航天领域的动力推进装置，但在二战时期曾被短暂地作为飞机的推进动力，出现过以火箭为动力的飞机，即火箭飞机。

早期先驱

康斯坦丁·齐奥尔科夫斯基、罗伯特·戈达德和赫尔曼·奥伯特被公认为是现代火箭学之父，他们几乎在同一时期各自独立进行着现代火箭的早期研究工作。

1903 年，俄罗斯教师康斯坦丁·齐奥尔科夫斯基发表了第一部提出利用火箭发动机进行航天活动的著作《利

燃料罐　　　氧化剂罐

控制阀　　　增压气体

燃烧室　　　热交换器

喷管

⬆ 液体火箭发动机结构(示意图)

🔊 1926年美国教授罗伯特·戈达德试射首枚液体火箭

用喷气工具研究宇宙空间》。齐奥尔科夫斯基提出液体推进剂比固体推进剂能提供更多能量，认为液氧与液氢是用于航天飞行的最佳推进剂，并且给出包含燃烧室、喷管和推进剂贮箱等关键组成部件的液体火箭发动机的概念性草图。此外，他还推导出了发射卫星所需逃逸速度和火箭方程，提出多级火箭设想。但齐奥尔科夫斯基还只是一个火箭方面的理论科学家，他并未实际建造和测试任何火箭。

美国克拉克大学教授罗伯特·戈达德在1914年就申请了关于液体燃料火箭装置的专利，并且在1919年发表了关于火箭飞行的数学理论的著作《到达极高空的方法》。在1921年至1925年期间，戈达德进行了液体火箭发动机地面静态试验。1926年3月16日，戈达德在马萨诸塞州的奥本成功发射了历史上首枚液体燃料火箭。这枚火箭采用液氧与汽油作为推进剂，仅飞行了12.5米高、56米远，历时2.5秒。戈达德在液体火箭的研究上取得过很多开创性成果。但由于戈达德在世期间不愿太多发表和透露他的液体火箭发动机的设计细节、试验数据等有用信息，因此他的研究成果并未对美国的液体火箭发展产生太大的影响。

德国液体火箭发动机的发端

1923年，德国科学家赫尔曼·奥伯特发表了题为《飞向星际空间的火箭》的著作，并且在1929年修订了这本书，将其命名为《通向航天之路》。该书由于其重要的科学价值而得到国际上的认可。20世纪30年代，奥伯特建造并试验了他的概念性的液体火箭发动机。他的第一枚火箭于1931年5月7日在德国柏林附近发射。

早在1927年，德国的一群火箭业余爱好者成立了德国宇宙航行协会，奥伯特也是其成员之一。

20世纪30年代初，德国陆军装备部开始筹建官方的火箭研究组织。德国陆军军官瓦尔特·多恩伯格组建了由德国火箭专家冯·布劳恩领导的火箭研究小组。冯·布劳恩的研究团队相继设计和测试了 A-1、A-2、A-3 和 A-5 等实验火箭以及实用化的大型火箭 A-4。其发动机主要由德国火箭专家瓦尔特·泰尔负责研制。A-4 火箭于1942年10月3日在佩内明德成功试射，并在1944年更名为 V-2 火箭，是第二次世界大战中著名的弹道导弹。

V-2 火箭的发动机使用液氧与酒精作为推进剂，推力可达 249 千牛，采用薄膜冷却和再生冷却的方法对推力室进行冷却，由高锰酸钠催化过氧化氢分解生成的高温气流来驱动涡轮泵进行泵压式增压输送推进剂。1945 年二战结束，冯·布劳恩和他的火箭团队向美军投降，相关技术报告和图纸以及 V-2 火箭一起被运送到美国，而苏联也得到了 V-2 火箭的部件和设备。V-2 火箭具有极其重要的历史地位，它对美国和苏联的大型液体火箭发动机的发展起到了巨大的推动作用。

20 世纪 30 年代后期，德国也对用于火箭动力飞机的液体火箭发动机进行了研究。德国工程师赫尔穆特·瓦尔特的公司研制了这些液体火箭发动机。1939 年 6 月 20 日，世界上第一架单独使用液体火箭发动机作为推进动力的飞机 He 176 试飞成功，采用的是瓦尔特设计的

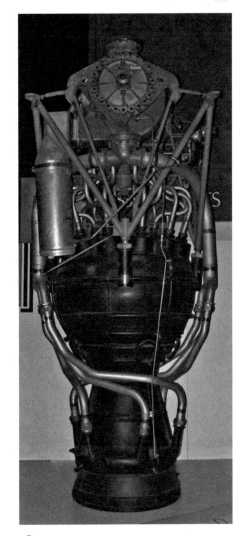

⬆ 在美国国家航空航天博物馆展出的 V-2 火箭发动机

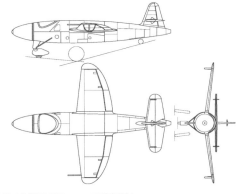

⬆ 第一架安装液体火箭发动机的"火箭飞机"He176(示意图)

HWK R1 发动机。Me 163 战斗机是德国在"二战"中唯一服役的火箭动力战斗机，采用的是 HWK 109-509 发动机，所采用的燃料是甲醇和肼的混合物，称为 C-Stoff，而氧化剂称为 T-Stoff，其主要成分为过氧化氢。

美国液体火箭发动机的发展

1930 年，一群以科幻小说作家为主的火箭爱好者成立了美国火箭学会，随后开展火箭的设计和实验工作。

1936 年，美国加州理工学院空气动力学家西奥多·冯·卡门领导的古根海姆航空实验室开始了液体火箭的相关研究工作，包括不同推进剂的性能研究以及推力室的设计和测试。

自 20 世纪 40 年代起，多家美国公司陆续参与了液体火箭发动机的研制。反应发动机公司（缩写为 RMI）是美国第一家液体火箭发动机公司，是由美国火箭学会的四位成员于 1941 年成立的。其设计的最有名的发动机是为贝尔 X-1 飞机设计的 RMI 6000C-4 火箭发动机，拥有四个推力室，总推力达 27 千牛，采用液氧与酒精作为推进剂，还被用于道格拉斯 D-558-2 天空火箭、北美 X-15 试验飞行器。

航空喷气飞机公司，由冯·卡门等人于 1941 年成立，是美国第二家研制火箭发动机的公司。航空喷气飞机公司为 A-20 轰炸机、B-29 轰炸机、B-45 轰炸机、B-47 轰炸机等许多军用飞机研制了一系列助推起飞用的液体火箭发动机，还为波马克导弹 IM-99A 设计过液体火箭助推器。航空喷气飞机公司设计的最成功的大型液体火箭发动机是分别用于"大力神"系列运载火箭的第一级和第二级的 LR-87 和 LR-91 火箭发动机。LR-87 发动机为双推力室，LR-91 发动机为单推力室，它们最初使用液氧煤油作为推进剂，后来改用四氧化二氮与混合

🎧 美国 B-47 轰炸机在液体火箭发动机的助推作用下轰然起飞

的肼燃料。

洛克达因公司是美国重要的液体火箭发动机制造商。其基于德国 V-2 火箭的发动机技术，为美国第一种弹道导弹"红石"研制了 A-6 和 A-7 火箭发动机，海平面推力可达 350 千牛。"红石"导弹的发动机在 1958 年被用于发射美国第一颗人造卫星"探险者"1 号的"朱诺"1 号运载火箭，在 1961 年被用于执行美国首次载人亚轨道太空飞行任务的"水星-红石"运载火箭。其在 20 世纪 50 年代分别为美国第一种洲际弹道导弹——"宇宙神"导弹以及"丘比特"弹道导弹和"雷神"弹道导弹等设计了液体火箭发动机。洛克达因公司的历史性成就之一，就是研发了用于发射"阿波罗"飞船的"土星"5 号运载火箭的 F-1 和 J-2 火箭发动机，以实现人类首次登月。F-1 发动机是世界上推力最大的单推力室发动机，海平面推力达 6770 千牛，采用液氧煤油作为推进剂，被用于"土星"5 号的第一级；J-2 发动机是世界上第一个大推力氢氧火箭发动机，被用于"土星"5 号的第二级。

洛克达因的历史性成就还包括为美国航天飞机设计主发动机（缩写为 SSME），亦即 RS-25 火箭发动机。SSME 使用液氧液氢作为推进剂，是美国第一个采用分级燃烧循环的液体火箭发动机。RS-68 火箭发动机是洛克达因公司于 20 世纪 90 年代末，在航天飞机主发动机的基础上研发的低成本大推力液体发动机，通过采用中等燃烧室压力、简化发动机设计以达到降低成本的目的，被用于"德尔塔"4 号运载火箭的公共助推核心。

普惠公司在 1957 年决定进入液体火箭发动机领域。其最成功的液体火箭发动机就是 RL10，于 1963 年首次应用并成功飞行，是世界上第一个使用液氧液氢作为推进剂以及第一个采用膨胀循环的火箭发动机。RL10 系列发动机主要被用于"半人马座"火箭、"土星"1 号运载火箭的 S-IV 级以及"德尔塔"3 号和 4 号运载火箭的第二级等上面级。

现隶属于诺斯洛普·格鲁门公司空间技术部的推进产品中心（Propulsion Products Center），原为 TRW 公司的部门，是美国最早研发以肼为推进剂的单组元液体火箭发动机的机构。其为航天器研制了许多单组元和双组元液体火箭发动机，包括卫星姿态控制发动机、液体远地点发动机以及阿波罗登月舱的下降级推进系统。

成立于 2002 年的美国太空探索科技公司（SpaceX），为自家致力于可回收使用的"猎鹰"系列运载火箭研制了"默林"火箭发动机和"红隼"火箭发动机；为"龙飞船"研制了"天龙座"火箭发动机和"超级天龙座"火箭发动机。SpaceX 正在研发大推力的"猛禽"火箭发动机，使用液氧和液态甲烷作为推进剂，采用全流量分级燃烧循环。

苏联/俄罗斯的液体火箭发动机的发展

1924 年，世界上第一个民间业余火箭学会——星际旅行研究学会在苏联成立，它吸引了包括齐奥尔科夫斯基在内的众多成员。

苏联政府自 20 世纪 20 年代起，开始建立液体火箭研究部门。第一个机构是于 1921 年成立的喷射推进实验室，并在 1928 年更名为气体动力学实验室。苏联火箭专家瓦连京·格鲁什科在 1929 年进入气体动力学实验室，负责液体火箭发动机的研究。格鲁什科团队研制了包括苏联第一个液体火箭发动机 ORM-1 在内的一系列 ORM 发动机，试验研究了许多不同的推进剂，提出并实现了推进剂自燃点火，还对特型喷管进行了研究。ORM-65 发动机是其研制的最成功的发动机之一，被用于火箭动力滑翔机和巡航导弹。

另一个火箭研究部门是成立于 1931 年的喷气推进研究组（缩写为 GIRD），由苏联火箭专家谢尔盖·科罗廖夫担任其领导。喷气推进研究组分为四个研究团队，苏联航天学家弗里德里希·灿德尔负责其中的液体火箭发动机研究。灿德尔设计并试验了 OR-1、OR-2 等发动机，还参与了 GIRD-X 火箭的设计。1933 年 8 月 17 日，喷气推进研究组成功发射了苏联第一枚混合燃料火箭 GIRD-09，其采用液氧/凝固汽油作为推进剂，由苏联火箭学家米哈伊尔·吉洪拉沃夫设计。同年 11 月，苏联第一枚真正的液体火箭 GIRD-X 进行了试验飞行，采用液氧酒精作为推进剂。1933 年 9 月，气体动力学实验室与喷气推进研究组合并为喷气推进研究所，两个部门继续进行着液体火箭的研制。

为提高液体火箭发动机的研发能力，苏联政府又新成立了液体火箭发动机设计局 OKB-456，亦即现在的动力机械科研生产联合体。这是苏联在二战后为复原德国 V-2 火箭技术而成立的设计局，由格鲁什科领导，负责发动机研究。其基于V-2火箭的发动机技术，为苏联版的V-2火箭——R-1导弹研发了RD-100火箭发动机。该设计局为世界上第一枚洲际弹道导弹R-7设计了RD-107和RD-108火箭发动机。RD-107和RD-108发动机在1957年被用在发射

↑ "联盟"号运载火箭的助推级采用四个RD-107发动机，第一级（芯级）采用RD-108发动机，其均拥有四个固定的推力室，同时RD-107另有两个游动推力室，RD-108则有四个游动推力室

世界上第一颗人造卫星——"卫星"一号的运载火箭上，在1961年被用于执行历史上首次载人航天任务的"东方"号运载火箭上，此外还被用于"上升"号、"闪电"号、"联盟"号等系列运载火箭上。动力机械科研生产联合体在20世纪60年代设计的RD-253火箭发动机以四氧化二氮/偏二甲肼为推进剂，采用分级燃烧循环，是推力最大的、采用可贮存推进剂的单室液体火箭发动机，被用于"质子"号运载火箭的第一级。20世纪七八十年代，动力机械科研生产联合体研发了用于"天顶"号运载火箭的RD-120和RD-170/RD-171火箭发动机。RD-170/RD-171发动机具有重要的历史意义，是世界上推力最大的液体火箭发动机，真空推力可达7873千牛，共有四个推力室，使用液氧煤油，被用于"能源"号运载火箭的助推级和"天顶"号运载火箭的第一级。20世纪90年代，动力机械科研生产联合体在RD-170发动机的基础上研发了用于美国"宇宙神"3号和5号的RD-180火箭发动机、用于"安加拉"系列运载火箭的RD-191火箭发动机。此外，动力机械科研生产联合体还在20世纪80年代末开始研发三组元双模式的RD-701和RD-704火箭发动机，即发动机先以液氧煤油液氢为推进剂产生较大推力在低空飞行，在高空时则使用液氧液氢作为推进剂。

化工自动化设计局在20世纪50年代开始从事液体火箭发动机研究，

主要研制用于火箭上面级的发动机。该设计局研发了用于"东方"号运载火箭第二级的 RD-0109 火箭发动机，用于"闪电"号和"联盟"号系列运载火箭第二级的 RD-0110 火箭发动机，用于"质子"号运载火箭第二级的 RD-0210 和 RD-0211 火箭发动机，以及用于"质子"号第三级的 RD-0212 火箭发动机。其也为苏联的地对空导弹设计过 RD-0200 火箭发动机。化工自动化设计局在 20 世纪七八十年代研发的 RD-0120 火箭发动机是苏联主要的氢氧火箭发动机，采用富氧分级燃烧循环，被用于"能源"号运载火箭的芯级。另外，其还为 R-29RM "轻舟"潜射弹道导弹的第一级设计了 RD-0243 火箭发动机。20 世纪 90 年代，化工自动化设计局在 RD-0120 发动机的基础上研发了三组元双模式的 RD-0750 火箭发动机，还试验了采用膨胀循环和膨胀-偏转喷管的氢氧火箭发动机 RD-0126。

化工机械设计局自 20 世纪 60 年代末起研制了一系列用于航天器飞行控制的小推力脉冲火箭发动机。其也研制了许多用于航天器机动的液体火箭发动机，如轨道机动发动机、制动发动机、着陆器上升级和下降级发动机。化工机械设计局还研发了用于潜射弹道导弹的液体火箭发动机，并且在 20 世纪 50 年代为战术弹道导弹设计过液体火箭发动机。

此外，库兹涅佐夫设计局在 20 世纪 60 至 70 年代为用于苏联登月计划的 N1 运载火箭设计了 NK-33 和 NK-43 火箭发动机，以液氧煤油为推进剂，采用分级燃烧循环。

🎧 使用液体火箭发动机作为动力的"联盟"号系列运载火箭

3.3 固液混合火箭发动机

身世由来

固液混合火箭发动机可不是在有了固体和液体火箭发动机之后才出现的，它的历史可以说比液体火箭发动机还要早。

由于早期固体火箭发动机所使用的黑火药非常危险，极易发生爆炸，于是人们就有了这样一个想法：把火药中的燃烧剂和氧化剂的成分分开来，分别通过某种装置进行输送，根据需要进行混合燃烧。而对两种粉末状的物质进行输送，需要设计一个非常精巧的装置，难度也是非常大的，几经尝试后，这个方案不得不被放弃。

20世纪初，采用内燃机作为动力的汽车已经非常普遍，其燃油输送系统给研制火箭发动机的科学家们带来了启发，能否将燃烧剂或氧化剂中的一种制成液体的进行输送，而另一种保持固体的状态呢？基于这样的想法，科学家和工程师们又开始了新的尝试，于是一种新型的火箭发动机，固液混合推进剂发动机就诞生了。

原理构造

固液混合推进剂火箭发动机，是组合使用液体和固体推进剂的化学火箭发动机，它由喷注器、燃烧室（内装药柱）、喷管、液体推进剂供应

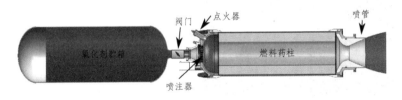

🎧 固液混合火箭发动机结构（示意图）

系统和贮箱等组成。混合推进剂火箭发动机的比冲和体积比冲介于液体和固体火箭发动机之间，它能够像液体火箭发动机那样进行推力调节，而且只需要一套液体管路、活门和附件，系统比较简单。但混合推进剂火箭发动机的燃速低，燃烧不均匀，效率低，仅适用于一些特殊任务的导弹，如靶弹等。

德国火箭专家赫尔曼·奥伯特曾于1929年尝试制造固液混合推进剂火箭；20世纪50年代，美国开始研制过氧化氢和聚乙烯为推进剂的固液混合火箭发动机；1964年，法国首先成功发射了采用混合推进剂火箭发动机的气象火箭。

混合推进剂火箭发动机包含固体燃料和液体氧化剂、液体燃料加固体氧化剂等多种组合。其中，固体燃料/液体氧化剂组合是国内外研究最多的典型固液混合火箭发动机，主要由液体氧化剂供给系统和发动机主体系统组成。固液混合火箭发动机的氧化剂主要有液氧、液氟、液体一氧化二氮、过氧化氢和硝酸等；固体燃料主要包括聚合化合物和金属氢化物等。在这些燃料和氧化剂的基础上，可以形成不同的推进剂组合，达到不同的性能。

由于燃料和氧化剂分别采用不同状态的物质，因而它的燃烧特性和单纯的固体或液体火箭发动机不同，这种不同的特性使固液混合火箭发动机具有一些不同的特点。其优点主要有安全性好、容易进行推力调节、易关机和重新启动、推进剂能量较高、环保型好、药柱稳定性好、温度敏感性低、经济性好。

🎧 有趣的应用：固液混合火箭发动机动力的自行车

应用领域

由于固液混合火箭发动机有着诸多的优点，所以它的应用领域十分广泛，已有将近一百年的研究历史。从20世纪20年代就有了试验性的研究，进入20世纪80年代中期，一方面由于商业竞争的日益激烈，低成本火箭的发展显得格外重要；另一方面，1986年1月28日

"挑战者"号爆炸事件和 1986 年 4 月 18 日"大力神"3 型运载火箭的固体助推器出现故障引起爆炸，也引起了 NASA 的注意，试图用固液推进剂来代替单一的固体推进剂，从而使固液混合火箭发动机的研究日益增强。

国内外通过理论分析、数值仿真和试验研究等方法对固液混合火箭发动机的燃烧稳定性、燃烧安全性、点火可靠性及燃料燃速规律等关键技术开展了大量研究及技术攻关，并在此基础上进行了广泛的固液混合火箭发动机的应用研究。

到目前为止，固液混合火箭发动机的主要应用包括探空火箭、小型运载火箭、靶标与导弹、亚轨道飞行器及载人飞船、助推器及上面级和姿控系统的动力装置。固液混合火箭发动机应用最早的是苏联设计并发射的 GRID-9 探空火箭，影响最大的是美国维珍公司的 Space Ship One "太空船"1 号亚轨道载人飞船。这些应用在世界范围内极大地增强了研究人员对固液混合推进技术的信心，有力地推进了固液推进技术的发展，其中开展最多的是各类固液探空火箭的研制。

🔵 安装固液混合火箭发动机的"太空船"一号亚轨道飞行器

发展历程

混合式推进系统的发展历程，可粗略地分为四个阶段：第一阶段为 20 世纪 20 年代到 50 年代中期。这一阶段是混合发动机的初始研制时期，主要是德国和美国在进行研究，燃料为碳或橡胶，氧化剂为一氧化二氮、过氧化氢和液氧。发动机燃烧效率极低，仅是对混合发动机进行探索性研究。那时候所试验过的燃料可谓五花八门，木柴、木屑、木炭都曾被拿来作为燃料。

第二阶段从 20 世纪 50 年代中期到 70 年代后期，这一阶段为混合发动机研制的全面展开时期，除美国、德国外，法国、瑞典、荷兰、意大利也加入到了这一行列，混合发动机研制在世界范围内出现一个高潮。对燃烧机理以及燃烧效率等关键技术进行了广泛深入的研究，取得了很好的进展。

第三阶段为 20 世纪 70 年代后期到 80 年代中期，这一阶段是混合发动机研制的停滞时期，研究活动显著减少。其原因是固体和液体发动机技术在这一时期取得了较大突破，美国等一些国家的武器推进系统向全固体方向发展，运载火箭则使用了大型液体芯级之故。

第四阶段是由 20 世纪 80 年代中期至今，为固液混合发动机研制的重新活跃时期，推进剂组合大多采用 HTPB/液氧。这一时期一方面世界发射任务大量增加，运载火箭型号增多，使价格竞争日趋激烈，发展低成本的运载火箭成为一个焦点。

🔼 固液混合火箭发动机地面点火试验

我国北京航空航天大学宇航学院师生研制的探空火箭，"北航" 2 号和 "北航" 3 号采用的就是固液混合火箭发动机，这一研制成果代表了我国固液混合推进技术的最新成就。

◀ 北京航空航天大学宇航学院师生研制的以固液火箭发动机为动力的探空火箭在西北大漠腾空而起

4.1 火箭巨人的诞生

🔈 1963 年,肯尼迪总统(右)参观美国佛罗里达州卡纳维拉尔角的发射场,这里后来以他的名字命名为"肯尼迪航天中心"。图中与肯尼迪总统交谈的正是"土星"5 号的灵魂人物——冯·布劳恩(左)

每年 4 月 12 日为国际航天日,是为了纪念 1961 年 4 月 12 日,苏联宇航员尤里·加加林成为首个进入太空的宇航员这一伟大的壮举而设立的。人类从此向着星辰大海迈出了第一步。

20 世纪 60 年代初期,美国深感自己在太空竞赛中落后了,要想赶超苏联,只有实施更为宏大的计划,那就是不仅要把人送入太空,还要送到月球,于是,美国的"阿波罗"计划由此诞生了。

时任美国总统的约翰·肯尼迪在国会、莱斯大学等地多次发表演讲,正式启动了"阿波罗"计划。计划的主要内容就在他的演讲中:

"我相信这个民族能够齐聚一心全力以赴达成这个目标,即在 1970 年以前,人类将乘坐宇宙飞船登陆月球并且安全返回。没有任何一个太空项目能够超越它对人类的影响,超越它对宇宙远程空间探索的重大作用,也没有一个太空项目开发如此困难而且花费如此昂贵。"

而就在肯尼迪总统做这番慷慨演讲之时，美国唯一的一次载人航天任务仅仅是宇航员艾伦·谢帕德在太空停留15分钟的亚轨道飞行，尚未进入环绕地球的轨道。对于这次短暂的飞行，苏联人曾嘲笑说这不过是"跳蚤的一跳"。尽管如此，美国已决意一搏，要在载人登月这个计划上超越苏联。

虽然也经历了"阿波罗"1号所发生的造成宇航员丧生的火灾事故，但总体来说"阿波罗"计划稳步推进。不到十年的时间，在科学与工程技术人员的努力下，运载火箭、飞船、着陆器都满足了登月计划的要求，并最终在1969年7月21日凌晨2点56分（UTC），宇航员尼尔·阿姆斯特朗踏上了月球，他所迈出的是一小步，但对人类而言却是一大步。

❶ 由尼尔·阿姆斯特朗拍摄的巴兹·奥尔德林，在奥尔德林的宇航服面罩上反射出了阿姆斯特朗和登月舱

将宇航员、奔月飞船以及月面着陆器送抵月球的大功臣，就是"土星"5号运载火箭，它高110.6米，直径10.1米，发射质量约3039吨。这个矗立在发射架上的庞然大物，相当于30多层楼高，直径有一辆大巴车那么长。3039吨的发射质量相当于什么呢？"土星"5号的发射质量相当于600多头成年雄性亚洲象体重的总和。

"土星"5号的第一级和第二级箭体非常庞大，唯一的运输方式就是驳船。在新奥尔良建造的第一级箭体沿密西西比河运往墨西哥

❶ 庞然大物——"土星"5号

"土星"5号与自由女神像的高度比较，火箭比自由女神像和她的基座加起来还要高

通过驳船运输的"土星"5号运载火箭的第一级

湾，再绕过佛罗里达州后，又沿海运巷道运输到卡纳维拉尔角的航天发射场进行组装。火箭的第二级在加利福尼亚建造，通过巴拿马运河运往佛罗里达。火箭的第三级以及其他部件则通过运输机运输。

当火箭的各个部件运抵发射场后，在装配大楼以垂直的方式进行组装。一个庞然大物，运载火箭中的巨无霸由此诞生了。

1967年11月9日，"土星"5号运载火箭首次发射，执行"阿波罗"4号任务。这么巨大的火箭，同样也要配备一个庞大的发射台，为此专门建造了卡纳维拉尔角发射场第39号发射台。这是"土星"5号第一级火箭和第二级火箭的首次发射，是第三级S-IVB火箭首次在地球轨道上进行二次点火。

这是一次新火箭的测试发射，"阿波罗"飞船里没有坐人，飞船和火箭上搭载了4098件测量仪器，同时测试飞船以接近月球返回地球轨道的速度返回地球大气层，这样的速度也是前所未有的。

"土星"5号为"阿波罗"计划执行了12次飞行，后来还用于发射美国的"天空实验室"空间站。尽管在"阿波罗"6号和13号飞行任务中出现过一点儿小故障，但并没有造成太大的损失。所以总计13次发射，可以说没有出现过一次失败，这也是人类航天技术史上的一个奇迹。

创造这个奇迹的灵魂人物就是著名的火箭专家、人类20世纪航天事业的先驱——沃纳·冯·布劳恩，他有着传奇的人生经历。第二次世界大战期间，他曾是德国纳粹杀手锏武器V-2导弹的总设计师，"二战"结束后，他和他的设计团队作为"头脑财富"被带到美国。1945年年底，几经辗转，冯·布劳恩与他的设计团队成员被转移到位于得克萨斯州的一处秘密军事基地。在那里，他们给美国的相关技术人员培训火箭和导弹的设计与制造技术，同时，还在新墨西哥州的白沙导弹靶场帮助美国人恢复了一枚从德国运回来的V-2导弹。

1950至1956年间，在V-2导弹的基础上，冯·布劳恩率领军方的火箭研制小组，成功研制出了"红石"导弹，这是美国第一代洲际弹道导弹，可以搭载核弹头。

"红石"导弹后来又改进成了用于发射卫星的运载火箭"丘诺"1号，该火箭在1958年1月31日成功地将美国的第一颗人造卫星"探险者"1号送入太空。

为美国研制了第一代的洲际弹道导弹和第一枚成功发射人造地球卫星的运载火箭，这些旋风般的成就，让美国人不得不对这位来自德国的火箭专家刮目相看。1958年7月29日，美国国家航空航天局成立，两年后马歇尔太空飞行中心在美国亚拉巴马州的亨茨维尔成立，这里可以说是美国国家航空航天局的根据地。冯·布劳恩作为不二人选被任命为中心主任，从1960年7月至1970

🔵 冯·布劳恩博士与"土星"5号火箭的合影

年 2 月，担任这一重要职务长达十年之久。在这十年间，冯·布劳恩领导马歇尔太空飞行中心研制了"土星"5 号这一史无前例的巨型运载火箭，这是整个"阿波罗"计划得以顺利进行的先决条件。

4.2 "土星" 5 号火箭组成

第一级

"土星"5 号的第一级箭体最初由马歇尔太空飞行中心制造了两个试验件，并分别于 1967 年 11 月 9 日和 1968 年 4 月 4 日在"阿波罗"4 号和"阿波罗"6 号计划中得到了验证。从"阿波罗"8 号计划开始，所有的"土星"5 号火箭的第一级都转由美国波音公司制造。

"阿波罗"计划以循序渐进的方式推进，火箭运载工具和登月飞船最开始作为两条主线分别推进，当二者都通过一定的飞行测试验证后，才合二为一，再经过无人试飞、载人试飞，最终"阿波罗"11 号实现了载人登月飞行任务。因此"土星"5 号并不是整个"阿波罗"计划中唯一使用的运载火箭。例如"阿波罗"5 号任务中采用"土星"1B 运载火箭进行了无人的"阿波罗"号太空飞船的飞行试验，"阿波罗"7 号任务也是采用土星 1B 运载火箭进行了三名宇航员的太空飞行试验。"阿波罗"8 号到 17 号飞行任务使用的则全是"土星"5 号运载火箭。

1961 年 12 月 15 日，波音公司拿到了"土星"5 号火箭第一级的生产合同。作为一家飞机制造企业，波音公司充分发挥了在制造方面的专长。他们对第一级火箭的箭体进行了总体结构设计优化，减轻了 560 千克的质量，这减轻的结构质量，相当于增加了 36 千克的有效载荷。

结构设计优化的基本原理就是根据结构受力处的载荷，设计结构的尺寸。对于燃料贮箱，如果都采用相同的厚度，自然制造工艺上是较为简单的，但并不是最优的设计。因此"土星"5 号第一级的贮箱从下到上分为 8 段，逐段减薄，最厚的地方只有 6.35 毫米，薄的地方只有 4.8 毫米。结构的材料是 2219-T87 铝合金，当技术工人在安装用来减缓发射过程中燃料晃动和旋转的十字板时，他们放脚的位置是

波音公司的技术工人正在第一级的燃料贮箱中进行装配工作

图为躺在米丘德总装厂房内的 3 枚一级火箭。从左至右：S-1C-10、S-1C-11 和 S-1C-9，其中 10 和 9 都已经安装上了 5 台 F-1 火箭发动机（摄于 1968 年 10 月 1 日）

很有讲究的，要踩到规定的地方，如果踩到壁如此薄的铝合金板子上是会出问题的。

波音公司对"土星"5 号运载火箭的一级也采用了类似飞机制造的批量制造方式，同时开工多个一级火箭。图中这 3 枚火箭的

这里躺着的 3 枚一级火箭代表了人类在 20 世纪登月时代的最高制造水平，也是现今制造的最大直径的火箭级段。

⬆ 吊装"土星"5号运载火箭的第一级

⬆ "土星"5号运载火箭底部粗大的承力支架主梁

一级在三年后，分别用在了"阿波罗"计划的14、15和16号任务中。

搬运"土星"5号火箭的第一级可不是一件容易的事情，这一级高42米（约14层楼），直径10米，仅空壳子就重280吨左右，灌满燃料后第一级火箭有2280吨重。

在发射时，5台F-1火箭发动机将产生33 400千牛的推力，在150秒左右的时间内将火箭推到64千米的高空。这么大的推力，需要坚固的承力结构。"土星"5号第一级上的5台主发动机承力支架主梁是整个运载火箭上最大最重的零件，重达21吨。另外，第一级上面有4个重816千克的铝制件，这是当时美国能够加工的最大规格尺寸的铝制零件。

第二级

"土星"5号运载
火箭的第二级由北美
航空制造。北美航空
曾制造研制出了P-51、
F-86战斗机、B-25轰
炸机和X-15火箭动力
试验飞行器。

第二级火箭的
内部编号为S-II，高

⟳ 执行"阿波罗"6号飞行任务的"土星"5号运载火箭，第二级与第一级在肯尼迪航天中心的装配大楼进行最终的装配

⬆ 正在密西西比测试中心（现为斯坦尼斯航天中心）进行测试的"土星"5号火箭第二级（1967年摄）

⬆ "土星"5号火箭的第二级采用了5台J-2液氢液氧火箭发动机。该发动机由洛克达因公司研制。海平面推力486.2千牛，真空推力1033.1千牛

⚙ "土星"5号火箭的5台J-2火箭发动机连接在第二级底部的承力结构上,其中中间1台是固定的,周围4台可在液压作动器的控制下自由转动,以便控制火箭姿态和飞行方向

⚙ "土星"5号火箭的第二级尾部有摄像机,可以将一二级分离时的影像传回地面飞行控制中心。图中所示为第一级与第二级之间的级间连接件分离的情形

24.9米,直径10米,空壳子重36.2吨,装满燃料后总质量480吨,相对第一级来说,第二级火箭已经轻了很多。

S-II级燃料占比达到92%,得益于将两个低温贮箱采用了共面的设计方案,这样等于节省了一定的结构重量。但这样做的技术难度是很大的,因为这两种低温液体有较大的温差,液氢的沸点为−252.87°C,液氧的凝固点为−222.65°C,沸点为−182.96°C,如果只是简单地用一个金属面隔开,显然是会出问题的,液氢的极低温会把液氧给冻住,导致结冰的氧化剂液氧无法被输送。

在"土星"5号火箭的第二级里面,北美航空的工程师们采用了一种神奇的隔板,来避免液氧被冻的情况发生。这个隔板中间采用了苯酚蜂窝夹层结构,两侧用铝箔覆盖,挡在了液氢贮箱和液氧贮箱之间。这样的一块板子,硬是顶住了两侧高达70℃的温差。这一技术方案又为"土星"5号火箭减重3.6吨,这块蜂窝隔板成了"土星"5号火箭性能出众的关键。

第三级

"土星"5号火箭的第三级由道格拉斯公司制造。

从 1971 年 1 月到 1972 年 4 月，1 年零 3 个月的时间里，美国进行了 3 次"阿波罗"计划的登月飞行，可谓是密集发射。1972 年年底，美国宇航员进行了最后一次的登月任务"阿波罗"17 号，至此"阿波罗"计划画上了一个圆满的句号。

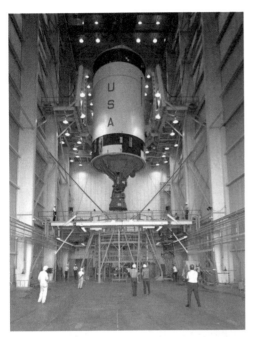

"土星" 5 号火箭的第三级火箭，上面的那些圆球是用来给低温燃料贮罐进行加压的氦气罐

"土星" 5 号火箭的第三级内部编号为 S-IVB，高 17.8 米，直径 6.6 米。采用 1 台洛克达因的 J-2 液氢液氧火箭发动机

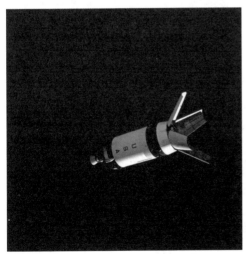

"阿波罗" 7 号任务期间照片，图中 4 块整流罩面板完全打开

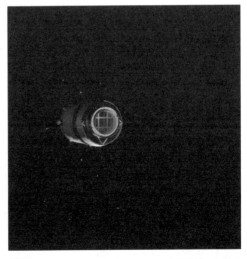

"阿波罗" 8 号任务中的"土星" 5 号火箭第三级，此时整流罩已抛弃，登月飞船已经与第三级分离，可清楚地看到上面的船箭接口设计

4.3 澎湃动力：F-1 火箭发动机

如果说"土星"5 号运载火箭是整个阿波罗计划的首要条件，那么能够托举起如此庞然大物的大功臣当属 F-1 火箭发动机。这是由美国洛克达因公司设计制造的一款液氧煤油发动机，是专为"土星"5 号运载火箭的第一级而量身定制的。

F-1 火箭发动机是有史以来人类制造的推力最大的单燃烧室液体火箭发动机，也是推力仅次于苏联 RD-170 的世界第二大推力的液体火箭发动机。

F-1 火箭发动机以燃气发生器循环为基础。在预燃烧室里燃烧一小部分燃料，以燃气驱动涡轮泵将燃料和氧化剂泵入主燃烧室。推力室是发动机的核心组件。

🔊 正在做地面试验的 F-1 发动机

1960 年 1 月 1 日, F-1 发动机在美国爱德华空军基地进行点火试验。粗壮的试验台压制住了 F-1 发动机 680 吨的推力, 后期型号的推力还略有增加。注意上页图中试车台上面的两个球罐, 里面装的是火箭发动机所需的燃料和氧化剂。左侧略小的那个是 RP-1 高纯度煤油贮罐, 右侧较大的那个是液氧贮罐。值得一提的是, 每台 F-1 火箭发动机的推力都比航天飞机的 3 台主发动机推力的总和还要大! 150 秒的时间内, "土星" 5 号凭借 F-1 可上升到 68 千米的高度。

🔼 1965 年 3 月 1 日, 马歇尔飞行测试中心的工程师们正在准备将一台 F-1 火箭发动机安装到 "土星" 5 号第一级火箭的底部, 每台 F-1 火箭发动机的重量将近 10 吨

🔼 "土星" 5 号火箭第一级 F-1 发动机底部近照, 注意火箭底部的防热板, 由标号为 15-7PH 的不锈钢制成

🔼 F-1 发动机以近乎批量化的方式被制造了出来, "阿波罗" 计划中有 13 次飞行共使用了 65 台 F-1 发动机, 无一发生故障

🔽 踌躇满志的冯·布劳恩与他的得意之作 "土星" 5 号运载火箭的合影, 这个巨大的喷口就是 F-1 火箭发动机的, 直径 3.76 米

4.4 巨无霸的大脑

在"土星"5号运载火箭的第三级箭体外面有一条环绕的黑色条带，这里就是"土星"5号火箭大脑所在的地方。由于"土星"5号的直径非常大，因此没有必要单独设立一个仪器设备舱。为了能充分利用火箭内部的空间，聪明的工程师们索性将各种仪器设备就安置在环形舱壁的内侧。在这个黑色条带的内壁分布着"土星"5号火箭的弹道计算机、姿态稳定系统等

⬆ "土星"5号运载火箭的"大脑"——仪器设备段

关键部件，可谓整个运载火箭的大脑。

这个环由3块120°的弧形蜂窝夹层板拼接而成。这3块板各司其职，分别叫作检修壁板（Fin-A）、飞行控制计算机壁板（Fin-B）和惯性导航

平台壁板（Fin-C）。

如果我们以上图中的"-X"标记处为手表的 12 点位置，8 点钟方向有一个检修门，这附近就是检修壁板（Fin-A），7 点钟与 8 点钟之间为脱落插头触点。

接着从 8 点钟位置开始，逆时针介绍一下这个环形的"大脑"：

8 点钟方向旁边有个黑色的管子，这管子和上面的整个环形的管路是连在一起的，这是用来控制"土星"5 号大脑温度的环境控制管路。用于冷却的工质是按照质量比例 3: 2 配置的甲醇和水的混合液。黑色管子下面藏着一个 2.7 升的小气瓶，内有高纯氮气。黑色管子挨着的白色细管是冷却剂控制管线，下面有两个压力传感器，还有一个手动启闭阀门。

7 点钟方向的亮亮的圆柱形罐子是储水箱。水箱旁边的红色盒子是传说中的 D-30 电池系统。另外，D-30 旁边是 D-10 电池，图中被管子挡住了。

6 点到 7 点钟方向之间的，为弹载计算机和弹载数据记录仪。

6 点钟的盒子里是控制指令分配器和遥测遥控指令译码器。

5 点钟方向那些盒子是遥测天线对应的电子器件盒，包括 VHF 遥测天线、C 波段天线、PCM/CCS 天线等。

2 点钟方向的大方盒子为"土星"5 号火箭的 ST-124-M3 惯性导航陀螺稳定平台的控制电路。平台旁边是加速度计信号调节器和专门供给导航系统用的 56 伏电源。另外的电源系统还有 28 伏直流电源，供小负载的电气系统使用，另有 5 伏直流电源供传感器使用。

"土星"5 号运载火箭使用的 ST-124-M3 惯性导航陀螺仪

"土星"5 号控制系统中的轴承不是一般的机械轴承，而是由高压氮气托起来的气垫轴承。4 点钟方向的那个大球就是存放氮气的地方，供气压力为703 吨/平方米。大球旁边是 ST-124-M3 惯性导航陀螺仪。

"土星"5 号箭载计算机的主频

"土星"5 号运载火箭的箭载计算机

（CPU 内核工作的时钟频率）为 2.048MHz。是的，只有 2.048MHz，要知道我们现在普通家用电脑的主频为 3.60GHz，就连现在的手机大多也在 2.0GHz 以上。这部长 76.2 厘米，宽 26.67 厘米，高 31.75 厘米，重 36.287 千克的计算机主频还不到现在常见智能手机主频的 1/1024。这不禁令人感慨万千，当年就是这"又笨又重"的电脑把人类送上了绕月轨道！

🚀 "土星" 5 号箭载计算机的内存模块，每个模块能够存储 4096 个指令字。"土星" 5 号的计算机里有 8 组内存模块，因此总共可以存储 32 768 个指令字

🚀 "土星" 5 号运载火箭的"大脑"正在被吊装

 ## 4.5 巨型平板车

　　"土星" 5 号运载火箭在一个被称为 "移动发射平台" 的装置上逐级进行叠加安装，这个平台上有一个发射脐带塔和九个摇臂，其中一个用于宇航员机组乘员进入飞船，这些摇臂在发射时打开，顶部还有

一个起重机。平台的底部是四个双轨履带轮，每个履带由57片钢板连接而成，每片重达970千克。整个平台长49米，宽41米，高7.6米，重达3730吨。

"土星"5号运载火箭由移动发射平台从垂直装配厂房向发射位移动

"土星"5号运载火箭在垂直装配大楼装配完成后，移动发射平台将载着整个火箭移动到肯尼迪发射场的39号发射台。整个行驶距离为4.8千米，以每小时1千米左右的速度缓慢移动，最大速

为"土星"5号运载火箭而建造的移动发射平台

度不超过每小时1.6千米，因此这个移动平台有个非常贴切的昵称——"爬虫"。平台安装有水平系统，可确保运载火箭在运输途中保持垂直。每个履带轮由两台2050千瓦（2750马力）的柴油发动机为其提供动力。

运载火箭的垂直装配可使得火箭处于发射前的姿态，避免了将水平组装的火箭再次吊装到发射台上的额外步骤，这样也便于进行发射前的各项测试，因此这个移动发射平台在后来的航天飞机发射中也继续沿用。

在进行航天飞机发射任务时，美国国家航空航天局的工程师们发现，航天飞机起飞时产生的巨大声波有可能会从这个移动发射平台上回弹，对宇航员产生伤害。对于"土星"5号的发射，其实也存在这个问题，不过"土星"5号较高，"阿波罗"飞船位于111米的高度，距离底部的发动机较远，因此风险较小，而航天飞机的高度只有"土星"5号运载火箭的一半，因此更容易受到伤害。

 目前仍在使用的移动发射平台

美国国家航空航天局解决这个危险的方法就是每次发射时对移动发射平台倾倒大量的水。在发动机点火前 6.6 秒，发射场一座容纳有 110 万升水的水塔开始通过管道向移动发射平台的排气口泄水。因为水能够吸收声波的冲击，并可以阻止由发动机尾焰引起的火灾。所以，在每次航天飞机发射时，我们看到的滚滚白烟其实不是烟雾，而是产生的大量水蒸气。

4.6 "土星" 5 号后传

在顺利完成 12 次"阿波罗"登月飞行任务后，由于"阿波罗"计划的资金削减以及当时国际形势的变化，美国国家航空航天局决定取消后续的登月计划。"土星" 5 号运载火箭的地位在人类航天发展史上是空前的，

 1972 年 11 月 21 日，最后一枚用于执行登月任务的"土星" 5 号运载火箭，矗立在肯尼迪航天中心第 39 号发射台上

挑战了当时人类工程技术的极限，很多技术水平直到 50 年后的今天仍无法企及。

由于登月计划的取消，用于登月而建造的"土星" 5 号运载火箭剩下了 3 枚。而当时美苏的太空竞赛已转向了建立空间站，让宇航员能够长时间在太空停留。因此"土星" 5 号就有了一个新的任务，发

射空间站。

将"土星"5号运载火箭用于发射近地轨道的天空实验室，这个方案是冯·布劳恩博士提出来的。早在1964年，"土星"5号运载火箭还处于研制阶段时，冯·布劳恩博士就在考虑用"土星"5号发射空间站。他提出的方案是将"土

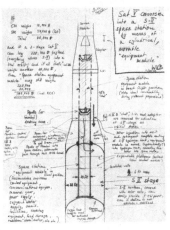

冯·布劳恩设想用"土星"5号火箭发射空间站的手绘草稿

整个"土星"5号运载火箭的第三级被改造为"天空实验室"空间站后，由第一级和第二级火箭送入近地轨道

星"5号的第二级用来建造空间站，这样可以有一个非常大的宇航员活动空间。最终的方案是将"土星"5号的第三级改造为空间站，取名为"天空实验室"，于1973年5月14日由"土星"5号的第一、二级火箭发射升空。

航天飞机最初的设想是用"土星"5号运载火箭外挂一个有翼的轨道飞行器，这个飞行器就是后来航天飞机的雏形。当美国国家航空航天局认为在没有太多的发射需求的情况下，没有必要再继续建造如此巨大的火箭，因此就放弃了这一方案，同时也在相当长的时间里使得美国没有重型运载火箭。

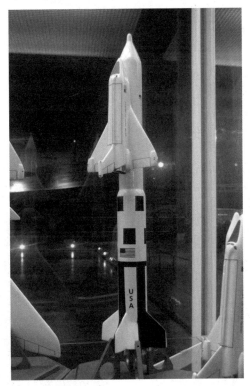

"土星"5号运载火箭用于发射航天飞机的概念方案

第5章

功败垂成——N1 运载火箭

>>>

5.1 N1 运载火箭的缘起

N1 火箭常被认为是苏联登月计划的一部分，但这并不完全正确。最早可追溯到 1959 年，苏联科罗廖夫设计局（简称 OKB-1）就开始设计 N1 运载火箭，此时苏联人两年前刚把卫星送入太空，美国人还没有宣布要开展"阿波罗"登月计划。

对于一个航天大国的科学家、设计师与工程师们而言，进军太空的眼光自然是要长远得多，发射卫星只是第一步，建立有人居住的空间站、载人登月、载人登火星，才是更令人激动与充满挑战的计划。

1959 年 12 月的一天，苏联的重量级的火箭设计师们聚集一堂，他们的议题是要为苏联规划未来洲际导弹与运载火箭的研制计划。科罗廖夫提出了 N 系列的运载火箭，这其中就包括 N1 重型运载火箭方案。这个方案是雄心勃勃的，火箭的最后一级将使用一台核动力的发动机，发射载荷的能力可达 50 吨。它将用于军用的空间站以及载人登月与火星飞船的发射。科罗廖夫在提出这个非常大胆的计划的同时，还提出了一个相对较为保守的改进 R-7 火箭的方案。

科罗廖夫的竞争对手弗拉基米尔·切洛梅则提出了一个"通用火箭"系列的方案，即使用一个通用的第一级搭配不同的模块，以满足各种不同载荷发射的需要。

另外一位苏联火箭设计的领军人物米哈伊尔·扬格利则提出了用新的、可替代 R-16 火箭的方案，这位曾经是科罗廖夫助手的设计师似乎并没有给老领导在技术方案上做半点让步。

最后，会议的主持者决定将切洛梅的 UR-100 作为新的轻型洲际导弹的方案，将扬格利提出的 R-36 作为重型洲际导弹的方案。会议不太赞

N1 火箭

成科罗廖夫提出的超大型的运载火箭的研制方案，认为苏联还不需要如此巨大的火箭。不过，会议的结果也没有完全冷落科罗廖夫，还是拨给他相当多的一笔经费，用以支持他改进 R-7 火箭，这就是后来的"闪电"号运载火箭。

1961 年 5 月，美国宣布要实施载人登月计划，苏联对这一新的太空竞赛项目当然不会视而不见。于是，苏联也提出了一个基于新型飞船进行地球轨道交会对接的登月计划。这个计划需要进行多次发射完成登月组件的运送，这些组件包括一个"联盟"号飞船，一个登月舱，以及从地球到月球的推进发动机及其燃料等辅助设备，这些组件运抵地球轨道后，再进行组装。这个化整为零的方案，降低了对运载火箭运载能力的要求，但必须以近乎同时的速度完成所有组件的发射，因为各组件在轨道上停留的时间有限，时间太长有可能会将所携带的燃料耗尽。但在当时，苏联并没有能力进行如此密集的发射。

另一个一步到位的方案就是把所有的组件一次发射到地球轨道，再实施登月飞行。于是，科罗廖夫提出的 50 吨级 N1 运载火箭就有了用武之地。1961 年 5 月，N1 运载火箭的命运有了转机，苏联的一份名为《重新考虑用于防御目的的航天运载器计划》中，明确提出要在 1965 年试射 N1 运载火箭。1961 年 6 月，科罗廖夫得到了 N1 运载火箭研制的启动资金。

N1 火箭就此登上了人类航天发射的大舞台。

5.2 N1 运载火箭的灵魂人物

如果说冯·布劳恩是美国"土星"5号运载火箭的灵魂人物，那么苏联的 N1 运载火箭也同样有一位至关重要的总设计师，他就是谢尔盖·帕夫洛维奇·科罗廖夫。

科罗廖夫 1907 年 1 月 12 日出生于乌克兰，父亲是一名俄罗斯士兵，母亲是乌克兰一个富商的女儿，受过良好的教育。科罗廖夫出生 3 年后父母亲因经济困难而离婚。缺少父爱的科罗廖夫是一个比较孤独的孩子，性格既倔强又执着，几乎没有什么朋友。科罗廖夫很小就开始读书，他的数学能力和其他科目都非常出色，是老师最喜欢的学生，但也引起了其他孩子的嫉妒。周围孩子的欺负和戏弄使得他更加专心于学习。科罗廖夫的母亲后来与一名德国的电气工程师结婚，俄国大革命期间当地学校

🔘 童年时代的科罗廖夫

被迫关闭，科罗廖夫不得不在家学习。他的继父对他在工程技术领域的发展起到了很好的引领作用。

20 世纪 20 年代，航空技术蓬勃发展，人们对飞机充满了兴趣，科罗廖夫也是如此。1923 年，他加入了乌克兰的航空学会和敖德萨的水上飞机中队，有了很多机会乘坐并接触飞机。1924 年，他亲自设计了一款名为 K-5 的滑翔机。同年，科罗廖夫进入基辅理工学院学习。在基辅理工学院，科罗廖夫的学习以工程学为主，同时他仍旧对飞机有着浓厚的兴趣，1925 年，他甚至驾驶自己制作的滑翔机进行训练，还为此摔断过两根肋骨。1926 年 7 月，科罗廖夫被莫斯科国立技术大学录取。1929 年，苏联政府提出要加快工程师的培养，以满足国家对各

类工程技术人才的迫切需求，科罗廖夫因动手制作过实用的飞机而提前一年获得大学文凭，他的导师就是著名的飞机设计师安德烈·图波列夫。

🎧 青年时代的科罗廖夫

毕业后的科罗廖夫进入苏联第二实验飞机设计局，与苏联一批最优秀的飞机设计师共同开展工作。在此期间，他设计出了一种能够进行特技飞行的滑翔机。1930年，科罗廖夫担任了图波列夫 TB-3 型重型轰炸机的首席工程师。就在这一年，他开始对液体燃料火箭发动机推进飞机的可能性产生了兴趣，同时还获得了飞行员执照，可以驾驶飞机进行各种极限状态的操作飞行。他渴望能够飞到更高的高度，这也许就是他对太空飞行感兴趣的开始。

🎧 科罗廖夫坐在他设计并制造的滑翔机内

1931 年，科罗廖夫与其他太空旅行的爱好者创建了"喷气推进研究组"，并得到了当时苏联政府的资助，得以开展火箭技术的研发。1932 年 5 月，科罗廖夫被任命为该组织的负责人，他领导这个研究小组开展了多种推进系统的研制，并于 1933 年成功发射了一枚液体燃料的火箭。

苏联政府认识到火箭技术在军事上有着广阔的应用前景，因此将科罗廖夫领导的研究小组与列宁格勒的气体动力学实验室合并，成立了"喷气推进研究所"，汇集了一批热心于火箭研究与太空旅行的科学家与工程师，科罗廖夫成为该研究所的副主任，负责载人火箭动力滑翔机的研制。他关注研制过程中的所有关键阶段，对工作严格要求，并对细节极其注重，具有纪律严明的管理风格，是一位富有魅力的领导。

在第二次世界大战期间，科罗廖夫在非常困难的处境中，与他大学期间的导师图波列夫合作，设计了图-2轰炸机，以及用于飞机辅助起飞的火箭发动机。因此，科罗廖夫于1945年获得一枚荣誉勋章，并以上校军衔加入苏联红军。

1945年9月8日，科罗廖夫与其他一批专家前往德国，接手德国战败遗留下的V-2火箭、技术资料以及制造设备。这项工作一直持续到1946年年底，后来总计有2000多名德国的科学家和工程师被带回了苏联，而同时包括冯·布劳恩在内的另一批德国科学家则向美国投降，被运回了美国。

1946年5月13日，斯大林签署法令将火箭和导弹作为苏联优先发展的项目，并在苏联郊区为此建立了一个研究所。此时，科罗廖夫负责监督管理170多名德国火箭专家，通过对V-2火箭的仿制，苏联的第一枚导弹R-1于1947年10月首次进行了测试，共发射了11枚，其中5枚击中了目标。这与德国的命中率相似，说明V-2还有很大可改进提高的空间。1947年，科罗廖夫的团队开始更先进的研究设计，R-2导弹的射程增加了一倍，R-3导弹射程更是达到了3000千米。在这批德

苏联著名火箭设计师——谢尔盖·帕夫洛维奇·科罗廖夫

国火箭专家的帮助下，苏联人已完全掌握了火箭技术，从 1950 年 12 月至 1953 年 11 月，这批德国专家及其家属陆续被遣返回德国。

1957 年 8 月 21 日，科罗廖夫领导团队研制的 R-7 导弹成功发射，这是世界上第一枚洲际弹道导弹，射程达 7000 千米，最大运载能力为 5.4 吨，可携带苏联当时最大的核弹。

当时科罗廖夫就敏锐地意识到，洲际弹道导弹可发展成为用于卫星发射的运载火箭。在他的力促之下，不到 1 个月的时间里，一颗直径只有 0.58 米的圆球形卫星被设计制造了出来，并于 1957 年 10 月 4 日成功送入太空，成为人类发射的第一颗人造地球卫星。同年 11 月 3 日，苏联又发射了一颗更大的卫星，其实也可以被认为是一艘太空船。因为它搭载了一只名为"莱卡"的狗，这只狗成了第一只"太空狗"。可惜由于没有生命保障措施，这只狗为人类的航天事业做出了牺牲，没有能活着返回地球。

科罗廖夫的梦想始终是人类的太空飞行，其第一个目的地是月球。1959 年 1 月 2 日，"月球" 1 号探测器成功发射，这个探测器成为第一个达到逃逸速度的探测器，也是第一个接近月球的探测器，更是第一个进入太阳轨道的人造物体。同年 9 月 14 日"月球" 2 号实现了首次月面撞击，10 月 7 日"月球" 3 号首次拍摄到了月球背面的照片。

科罗廖夫并不满足于此，他还计划着将人送到月球上。因此，1960 年 5 月 15 日，第一艘用于太空飞行的宇宙飞船发射入轨，1961 年 4 月 12 日，使用 R-7 改进型运载火箭成功地将尤里·加加林送入太空，使他成为首位进入太空的宇航员。

多年的艰辛工作和牢狱之灾的折磨，使科罗廖夫积劳成疾，于 1966 年 1 月 14 日在手术中因心脏衰竭而去世。科罗廖夫的身份直到他去世后才被披露，他的讣告在 1966 年 1 月 16 日的《真理报》上发布，展示了科罗廖夫生前所获得的所有奖章，苏联为其举行了国葬。

科罗廖夫在苏联太空计划中的继任者是瓦西里·米申，他也是一名非常出色的工程师，曾担任过科罗廖夫的副手。在科罗廖夫去世后，米申成为首席设计师，继续领导开展 N1 运载火箭的研制。

为纪念科罗廖夫的卓越贡献，莫斯科有一条街道于 1966 年以科罗廖夫的名字命名。他对人类航天事业的贡献是属于全人类的，1990 年科罗廖夫被选入美国国家航空航天馆的名人堂，这里是为纪念为人类航空航天飞行技术做出重大贡献的杰出人物而设立的。

🔊 苏联于 1969 年为纪念科罗廖夫而发行的邮票

 # 5.3 以小博大的火箭发动机

发动机是火箭的关键部件，对于重型运载火箭而言，更是如此。"土星" 5 号运载火箭使用的 F-1 液体火箭发动机推力高达 680 吨，对于要实现几乎相同载荷能力的 N1 运载火箭而言，这样的超大推力发动机似乎也是必不可少的。

摆在科罗廖夫面前最简单的一个选择就是采用新型发动机 RD-270，它最初设计是用于 UR-700 及 UR-900 两款大型运载火箭，但这两个型号最终没有离开绘图板，导致 RD-270 没有得到应用，失去了成为世界上最大推力的液体火箭发动机的机会。

RD-270 采用偏二甲肼和四氧化二氮作为燃料。从性能上来说，由于采用了新型的分级燃烧循环系统，要比美国 F-1 火箭发动机的比冲还要高。但偏二甲肼是一种有毒的燃料，燃烧产生的废气对人体是有害的，因此科罗廖夫认为载人航天飞行不能采用这种推进剂的发动机，而应当采用液氧煤油作为燃料的发动机。

放弃采用大推力的 RD-270 发动机，可供科罗廖夫选用的只有 NK-15

发动机，但这款液氧煤油燃料的发动机推力只有RD-270的大约五分之一。要让这个相对较小推力的发动机替代大推力发动机来推动火箭升空，显然只能用更多数量的NK-15。

为了弥补NK-15发动机有限的推力，N1运载火箭只能选择用多台NK-15发动机并联的方案。最初的数目是26台火箭发动机，火箭的载荷能力为50吨。但苏联科研人员考虑要将更大载荷的登月舱送入太空，于是载荷指标从50吨变成75吨，到了1964年的学术会议上又被定为92吨。科罗廖夫去世后，米申最终决定有效载荷定为98吨，足足比最初的方案多出了将近一倍的运载能力。

⬆ N1 运载火箭使用的 NK-15 发动机的改进型 NK-33

有些资料上记载：N1 运载火箭采用的是 NK-33 型发动机，这略微有些偏离史实，NK-33 型发动机是 NK-15 改进后的版本，事实上由于 N1 运载火箭项目的下马，这款发动机并未实际飞行过。

最终为了满足98吨运载能力的需要，N1 运载火箭在第一级底部使用了 30 台 NK-15发动机提供动力，这些发动机排成两个环形，24 个位于外环，6 个位于内环。外环的24个发动机可通过流量调节来实现差动推力，从而实现火箭俯仰和偏航的姿态控制，如果哪台发动机出现故障，可以关闭相对的另一台，从而保持推力的对称。内环的6台发动机作为核心推进系统不用于控制。在一级火箭中布置数量如此多的火箭发动机，在运载火箭发展史上也是绝无仅有的。

 N1 运载火箭底部密集的 30 台火箭发动机

直到首次发射前，这30台火箭发动机能否同步点火工作，还没有进行过地面测试，这为 N1 运载火箭的发射失败埋下了伏笔。从技术上来说，多个较小推力的发动机并联组合起来使用，是可以替代大推力发动机的作用的。所以 N1 运载火箭距离成功也就是一步之遥，假如再能给这个项目多些时间，或许真的能改写人类重型运载火箭的历史。

5.4 独特的设计美学

"土星" 5 号运载火箭高度为 111 米，N1 运载火箭高 105 米，二者在高度上大致相当。N1 的整个箭体成锥形，上部相对较为纤细，下部则较宽。由于采用了 30 台发动机并联的方案，N1 运载火箭 17 米的底部直径比 "土星" 5 号多出了整整 7 米。级与级之间用横梁杆连接，这种镂空的设计样式便于上一级的火箭点火开始工作。

"土星" 5 号运载火箭的燃料贮箱为圆柱形，氧化剂与燃料罐之间还采用了共底的方式设计，这样就节省了不少的空间和重量。N1 运载火箭似乎并不在乎这方面的节省，直接采用圆球形的贮箱罐，而且是在一个

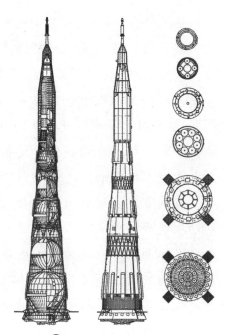

🔼 N1 运载火箭内部结构透视图

🔽 N1 与"土星"5 号运载火箭(左)的对比

锥形体的箭体内采用球形,这样无疑降低了空间的利用率,增加了结构上的重量。

与"土星"5 号垂直组装、垂直测试相反,N1 运载火箭采用的是水平组装、水平测试,在燃料加注之前,火箭一直处于水平躺着的状态。苏联人充分利用铁路运输大负载的优势,为 N1 运载火箭从测试厂房到发射台修建了专用的铁路轨道。对于底部直径达 17 米的庞然大物,一列火车已经无法胜任,苏联的航天工程师竟然想出用两条铁轨上的两列火车托载着火箭的方式运往发射台。在发射台,再通过一个巨大的摇臂将 N1 运载火箭竖立起来安放到发射台上。要知道,即使没有加注燃料,N1 运载火箭的结构质量也重达 200 多吨,可想而知光是建造具有如此大起重力量的摇臂也是一个不小的工程。

从火箭结构设计,到火箭的运输,再到火箭的竖立安放,每一个环节都让我们见识了苏联人独特的设计理念,一切以实用为核心,只要能达到目的,多大多重都不是问题,这或许就是苏联人豪迈性格的一种体现吧。

5.5 接二连三的失败

第一次尝试

1969 年 2 月 21 日，N1 运载火箭进行了第一次发射，编号为 3L。发射仅仅几秒钟后，瞬间激增的电压导致第一级的一台发动机关闭，控制系统自动关闭相对的另一台发动机，以保持推力的对称。6 秒钟后，又有一台发动机出现故障，在巨大的振动下，从这台发动机的底座上掉下了几个部件，与此同时推进剂开始泄漏。起飞 25 秒后，进一步的振动导致管线破裂，引起燃料溢出到了火箭的后部，当它与泄露的氧气接触时，火灾开始了。大火进一步导致传感器误判涡轮泵出现故障，火箭控制系统发出一个指令，关闭了整个第一级火箭的所有发动机，该信号还传送给了第二级和第三级火箭，并"锁定"这一指令，以防止地面控制中心发送手动指令重启发动机。

失去动力的 N1 运载火箭巨大的箭体冲向地面，发射 183 秒后撞击地面，火箭残骸散落在距离发射台 52 千米处。后续的事故调查结果表明，火箭局部出现故障时，关闭第一级所有 30 台发动机的指令在逻辑上是

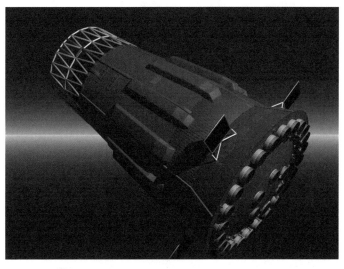

🔊 事故频发的 N1 运载火箭第一级(3D 模型)

不正确的。当时如果可以提前启动第二级火箭的发动机，或许还能将有效载荷送入太空，实现部分的发射成功。

第二次尝试

1969 年 7 月 3 日，N1 运载火箭进行了第二次的发射尝试，这枚火箭的前一个编号为 4L 的火箭箭体在发射前发现有裂缝，而被取消了发射计划，因此这次发射的火箭编号为 5L。

此次发射时间是莫斯科时间晚上 11：18。当火箭刚刚离开发射台，人们突然看到一道闪光，从第一级的底部掉落下一些碎片，此时地面遥测数据表明，除了一台发动机外，其余发动机再一次全部关闭了。失去动力的 N1 火箭以 45°倾斜重重地落回到了发射台上。箭上将近 2300 吨的推进剂引发了巨大的爆炸和冲击波，碎片甚至被爆炸的气浪冲到了距离爆炸中心 10 千米远的地方。事故发生半小时后，相关技术人员被允许进入发射台，此时没有燃烧的煤油燃料小液滴仍在从天而降。调查显示，火箭上多达 85% 的推进剂没有被引爆，多少减轻了爆炸的威力。尽管如此，发射台还是被炸为平地，距离发射台 35 千米远的地方都看到了这次爆炸场景，这是人类历史上最大的人工非核爆炸。被炸毁的发射台以及周边设施，被美国的间谍卫星拍摄到，从而证实苏联也在进行载人登月

⬆ 被炸毁的 N1 运载火箭发射台

⬅ 1968 年 9 月 19 日，美国间谍卫星拍摄到的 N1 火箭矗立在发射台上

火箭的研究计划。随后是长达 18 个月的发射台重建工作，后续的发射也被推迟。

第三次尝试

1971 年 6 月 26 日，N1 运载火箭进行了第三次的发射尝试，这次编号为 6L。火箭升空后不久，第二级和第三级之间的级间桁架发生扭曲进而断裂，丢失了第三级的火箭给第一级火箭的发动机发送了关闭指令。尽管发动机已经关闭，但第一级和第二级火箭仍然继续滑行了一段距离，在距发射场 15 千米处撞地爆炸，在地面炸出了一个 15 米深的大坑。

火箭以及发动机的控制系统被重新设计，箭上传感器的数量从 700 个增加到了 13 000 个。

第四次尝试

1972 年 11 月 23 日，N1 运载火箭再次向太空发起了冲锋，这次编号为 N1-7L。火箭点火和起飞阶段非常顺利，发射一分半钟之后，火箭第一级的 6 个中心发动机组成的核心推进系统接受指令进行关闭，推力的突然减小对燃料液体产生了冲击，过大的动载荷导致 6 台发动机关闭时，向核心推进系统供给燃料和氧化剂的管路爆裂，并在火箭尾部开始着火，紧接着外环的一台发动机发生爆炸。火箭第一级在发射 107 秒后爆炸解体，所有的遥测数据终止于 110 秒。火箭的逃逸系统此时启动，将"联盟"号飞船带到了安全的地方。N1 运载火箭的这次飞行尝试，再次遭到了惨败。

5.6 壮志未酬的遗憾

N1 运载火箭从研制到试飞总计制造了 10 枚，编号从 1L 到 10L，其中 1L 和 2L 用于做地面测试，3L 是首次发射尝试，由于发动机着火而导致发射失败，4L 临发射前发现火箭第一级的液氧贮箱出现裂缝而取消了

⊙ 报废后被用作水箱的 N1 运载火箭燃料贮箱

发射，5L、6L、7L 三次连续的发射惨遭失败。8L 和 9L 火箭的第一级改用改进后的发动机 NK-33，但由于整个研制计划的取消而没有进行发射。10L 还没有完成建造，就与 8L 和 9L 火箭一起被报废了。

为掩盖苏联失败的登月计划，两枚被报废的 N1 火箭被拆解，如今在拜科努尔发射场周围仍能找到被拆解后的部件，它们被用作储藏棚、储水罐。一代运载火箭界的"枭雄"，壮志未酬落得如此境况，不禁让人感慨万千。

用于 N1 运载火箭的发动机，改进后的型号为 NK-33 和 NK-43。尽管并联的火箭发动机的方案惨遭失败，但这两款发动机作为单独的动力装置使用时，仍被认为是非常可靠的。总计可制造 5 枚 N1 运载火箭的 150 台 NK-33 得以幸运地保存了下来，20 世纪 90 年代中期，俄罗斯向美国 Kistler 宇航公司出售了 36 台 NK-33 发动机，并许可美方自行生产该型发动机。Kistler 公司希望将这些发动机用到一个新设计的火箭上。后来美国 Aerojet 公司在 NK-33 发动机基础上进行了改进设计，并改名为 AJ-26 发动机，该发动机用于美国轨道科学公司的"安塔瑞斯"运载火箭上，共进行了 10 次发射，其中 9 次成功。

俄罗斯剩余的 NK-33 发动机直到 2004 年才被再次启用，当时剩余的被用于新设计的"联盟"2 号 1V 型火箭的第一级，该火箭于 2013 年 12 月 28 日首次发射，并取得成功。

第**6**章

星座计划——NASA 重燃登月的梦想

>>>

6.1 美国人要重返月球

20世纪70年代初，美国"阿波罗"计划结束，苏联在N1运载火箭接二连三失败的情况下，不得已放弃了在载人登陆月球这个计划上与美国人一决高下的想法。

到了20世纪80年代，美国的航天技术进入航天飞机和空间站的时代，而苏联在1991年解体。至此，美国在航天领域保持一家独大，这个状态长达近20年。

步入21世纪，世界格局逐渐开始发生了一些新的变化，中国的载人航天计划开始稳步向前推进，它不仅仅是要送宇航员到太空，还要建立空间站，月球探测的下一步自然而然地是要实施载人登陆月球计划。而美国航天飞机并没有像最初设想的那样降低发射成本，"挑战者"号和"哥伦比亚"号先后失事，无异于对航天飞机宣判了死刑。然而，面对中国人厚积薄发、日新月异的航天成就，美国人重新开始思考如何继续保持在航天领域的领导地位。

2004年1月14日，美国总统布什发表演说，表示计划2015年到2020年重返月球并建立基地，为下一步载人登陆火星甚至更远的星球做准备。此时美国主导建设的国际空间站即将完工，而航天飞机退役已经是板上钉钉的事情了。航天飞机退役后，美国拿什么送宇航员去国际空间站，后续将如何开展载人航天探索，对于这些问题，布什总统要求美国国家航空航天局拿出一个方案来。

2005年9月，针对总统对公众许下的承诺和提出的问题，美国国家航空航天局推出了"星座"计划（Constellation Program）。该计划将在"月球上建立一个可扩展的人类生存基地"，并可"大大降低进一步探索太空的成本"。在具体的技术上，甚至提出了"开采月球土壤用于加工成火箭的燃料和供人类呼吸的空气"。计划得到了总统的认可，他还认为这个计划所获得与积累的经验，可以帮助"开发和测试新的方法、技术和系统"，并可开展"可持续的长期探索"。

美国"星座"计划的 logo

对于要重返月球的理由，美国国家航空航天局的网站上给出了这样的解释：

1. 扩大人类在太空的生存空间；

2. 进一步开展包括月球在内的科学活动；

3. 测试新系统、新技术，并服务未来的太空探索任务；

4. 提供具有挑战性，共享的和平的太空探索活动；

5. 在开展有益于地球家园的研究活动的同时扩大经济领域；

6. 让公众和学生参与进来，以帮助发展应对未来挑战所需的高科技劳动力。

对于要重返月球，美国国家航空航天局前任局长迈克尔·格里芬给出了更进一步的阐释，"目标不仅仅是科学探索，它还涉及将人类的栖息地从地球延伸到整个太阳系。从长远来看，在单一行星上的物种将无法长久地生存，如果我们人类想要生存数十万年或数百万年，我们必须最终要前往其他行星，也就是说要殖民整个太阳系，甚至某一天还会超越太阳系的范围。"

格里芬的这段表述，可谓雄心勃勃，代表了美国要在 21 世纪重树人类航天探索领导地位的目标。美国国家航空航天局提出的"星座"计划原准备用 13 年的时间，在 2018 年前、最迟 2020 年重返月球。

八步走的登月新方案

20 世纪 60 年代，美国在开展"阿波罗"登月计划开始之初，对如何实现在月球上着陆，提出了多种技术方案。其中主要有两个：一是将登月所需的设备分批送入低地球轨道，组装后再奔赴月球；另一个是一次性地将登月所需的设备送入太空。这两个方案各有千秋，前者对运载火箭的载荷能力要求较低，但各个航天器需要在低地球轨道停留并进行交会对接，这样会耗费不少的航天器上的燃料，并伴有多次交会对接的风险。而后者最大的困难是需要有一个运载能力超大的运载火箭，而优点是可以一步到位，减少了中间的许多发射、轨道调整和交会对接的麻烦。

在冯·布劳恩的主导下，美国的"阿波罗"登月计划最终选择了后者，即称为"月球轨道交会"的方案：探月或登月的宇航员和需要的所有设备将被一枚"土星"5号运载火箭送入太空。离开地球轨道后，火箭的第三级将朝月球飞去。进入月球轨道后，"阿波罗"号的指令舱和服务舱与月球着陆器进行分离。两名宇航员将乘坐月球着陆器登陆月球表面，一名宇航员留守指令舱。结束月面探索任务后，宇航员乘坐月球着陆器的上升段返回月球轨道，将与指令舱对接，载着宇航员返回地球。

四十年后，当美国人重启登月计划时，美国国家航空航天局的工程师们也遇到了同样的方案选择问题。新的登月步骤大致上与"阿波罗"计划登月程序一致，也包括地月转移火箭、指令舱、服务舱以及月球着陆器这几个舱段但这次重返月球需要携带4名宇航员和更多的

科学设备，因此对运载火箭的能力提出了新的要求。

另外，美国国家航空航天局还面临着一个问题，那就是国际空间站虽然建好了，但航天飞机却要退役了，在不久的将来，没有了航天飞机这样的"天地巴士"，美国的宇航员该如何前往国际空间站呢？要解决这个问题，在技术上只能回到航天飞机之前采用运载火箭发射载人飞船的方案了，这既是不得已的选择，也是基于现有航天技术比较经济与成熟的方案。

美国国家航空航天局此时既要考虑"星座"计划发射登月飞船的需要，也要兼顾今后如何接送宇航员往返空间站。于是一个能够兼顾二者需求的方案就被确定了下来，即将设备与人员的运送分开，用一枚运载能力较小的火箭将宇航员送入太空，再用一枚运载能力较大的火箭将月球着陆器和地月转移火箭送入太空。分别进入低地球轨道后，宇航员乘坐的载人飞船与月球着陆器及地月转移火箭对接，合成一体，再奔向月球。剩下的过程就大体与"阿波罗"登月计划的步骤一样了。4名宇航员将乘坐月球着陆器登陆月球，在月面停留一个星期后，乘坐月球着陆器的上升飞行器离开月

球表面，再次与等待在月球轨道上的载人飞船会合，返回地球。进入大气层之前，原本结合在一起的指令舱将抛弃服务舱，穿过大气层后，它将利用降落伞在陆地上着陆。如果情况紧急，它也能在水上降落。

根据这一方案，"星座"计划的登月任务将按照以下八个步骤进行：

第一步，把月球登陆器及地月转移火箭发射到低地球轨道上。

第二步，宇航员乘坐新型载人飞船进入低地球轨道。

第三步，新型载人飞船将在低地球轨道上和月球着陆器、地月转移火箭进行对接。

第四步，地月转移火箭点火，将载人飞船与月球着陆器送往月球轨道。

第五步，4名宇航员乘坐月球着陆器登陆月球表面，而载人飞船则停留在月球轨道上。

第六步，宇航员利用月球着陆器带去的23吨地球原料，在月球表面建设月球基地，宇航员将在月球上停留一周的时间，然后乘坐月球着陆器的上升飞行器飞离月球，与停留在月球轨道上的载人飞船对接。

第七步，宇航员乘载人飞船返回地球。

⬆ 地月转移火箭飞向月球（艺术设想图）

第八步，再入返回的载人飞船指令舱将在美国西部的 3 个预定地点之一，伞降于地面。

"星座"计划"三驾马车"：运载火箭、载人飞船、月球着陆器

所谓"三驾马车"，是说三匹马一组分前、中、后三组来拉的车。"星座"计划也恰好如此，运载火箭、载人飞船和月球着陆器分别在载人登月飞行任务的各个阶段依次发挥各自的作用。"星座"计划的方案设计与计划实施是基于美国已有的航天技术基础的，特别是已成功实施的"阿波罗"登月计划和航天飞机计划所积累下来的技术。

运载火箭

重返月球，首先需要解决运输工具问题。从 20 世纪 80 年代起，美国的载人航天飞行主要是依靠航天飞机来实施，惨痛的失事，并不低廉的运输成本，使得美国不得不面对现实，放弃航天飞机，将"阿波罗"登月计划中成功使用的运载火箭技术重新捡起来。

美国国家航空航天局将重返月球的火箭命名为"阿瑞斯"，这是一个与火星有关的希腊战神的名字，所以美国国家航空航天局的意图不难理解，"星座"计划重返月球只是第一步，以月球为基地，登陆火星甚至更远星球才是长远目标。"战神"系列运载火箭就是针对此计划而设计研制的。

根据"星座"计划的载人登月方案，需要一大一小两枚运载火箭，分别运送宇航员和登月飞船。事实上，在"阿波罗"登月计划中，除了"土星"5 号这个巨无霸型最终实现了载人登月外，在计划初期还有一枚运载能力相对较小的"土星"1 号运载火箭进行了载人飞船的试验飞行，可以说"土星"1 号在"阿波罗"计划中也起到了非常大的作用。

因此，研制一款新型的专门运送宇航员的运载火箭，对美国人来说并不难。新型的运载火箭称为"战神"1 号。它的第一级采用航天飞机固体火箭助推器派生出的单级 5 段固体火箭，第二级采用的是 J-2X 液氢液氧发动机（由"阿波罗"计划中"土星"5 号运载火箭第二级曾用过的 J-2 发动机改进而来），可以将 25 吨的有效载荷送入低地球轨道。

运送登月飞船和地月转移火箭的是"战神"5 号运载火箭，第一级采用两枚 5 段固体火箭助推器，芯级为 5 台航天飞机 RS-68 液氧液氢发

动机，第二级同样采用 J-2X 发动机，可以将最大高达188吨有效载荷送入低地球轨道。

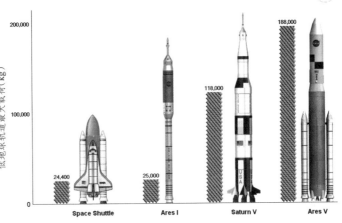

低地球轨道最大载荷（kg）

200,000			188,000
100,000		118,000	
24,400	25,000		
0			
Space Shuttle	Ares I	Saturn V	Ares V

⬆ 航天飞机、"战神"1号、"土星"5号，与"战神"5号的运载能力

一大一小载荷能力的运载火箭，类似于"土星"1号与"土星"5号，固体助推火箭技术来源于航天飞机的固体助推器，液体火箭发动机分别来自"土星"5号与航天飞机用过的液氢液氧发动机。由此可见，"星座"计划充分利用了"阿波罗"计划与航天飞机计划中所积累下来的技术成果。

载人飞船

以弹道再入式返回的载人飞船，虽然没有航天飞机在跑道上水平降落那么潇洒，却是一种久经考验且经济便捷的载人太空飞行工具。美国国家航空航天局在进入新世纪后，重新将载人飞船的技术拿了出来。

⬆ "战神"5号(左)与"战神"1号(右)运载火箭

"星座"计划不仅仅是要满足登月任务，还要兼顾取代航天飞机完成为国际空间站运送宇航

⬆ "猎户座"载人飞船

员的任务，甚至还要考虑未来的载人登陆火星的飞行任务，所以新的载人飞船称为"乘员探索飞行器"，这里的"探索"二字显然更具有面向广袤宇宙空间的含义。

"星座"计划中载人飞船的设计，安全系数是航天飞机的10倍，在实施载人登月飞行任务时最多可运载4名航天员，还可以满足执行登陆火星的任务。

2006年8月22日，美国国家航空航天局宣布新型载人飞船名为"猎户座"，载人首飞时间计划不晚于2014年，载人登月首飞不晚于2020年。随着航天飞机2010年的全部退役，美国失去了开展载人航天飞行任务的运送能力，只得租用俄罗斯的"联盟"号宇宙飞船，每个宇航员的座位美国需向俄罗斯支付高达8000万美元的费用。

月球着陆器

除了载人飞船，宇航员还需要月球着陆器来实现登陆月球。月球着陆器的主要作用是帮助宇航员往返于月球轨道和月球表面。"星座"计划中的月球着陆器的构造大致和"阿波罗"计划中的一样，由下降级和上升级两大基本部分组成，由液氧液氢发动机作为动力。下降级安装有一台减速制动用的火箭发动机，以及多台姿控发动机，4个着陆支架起到着陆缓冲和支撑的作用。月面任务完成后，宇航员进入月球着陆器的上升级中，启动点火后上升级将与下降级分离，由上升级把宇航员带回到月球轨道。新型月球登陆器可搭载一个4人的宇航员乘组往返月面与月球轨道之间，宇航员通过气闸舱出舱，在月

🔊 "星座"计划中的Altair载人月球着陆器

面开展科学探测等活动。月球着陆器可支持宇航员在月球表面停留 7 天，它还能够加载 21 吨的货物。

后登月时代

美国国家航空航天局的科学家们认为，再次登上月球的意义不仅在于让人类进一步掌握月球的起源与地球的关系，更重要的则是以月球为前哨站，探索离我们更远的星球，比如火星，因此建造月球基地将是新登月计划的重要任务与最终目的。

美国原计划在 2018 年派送 4 名宇航员重新登陆月球，在月球南极建立包括生活区、发电厂和通信系统在内的月球基地。第一批探险者将在月球上寻找燃料和水等宝贵的生活资源。之后，美国每年至少要进行两次载人登月任务，先遣的宇航员将利用月球上一切可利用的资源，建造一个月球基地，基地将包括生活区、电站和通信系统。有了固定基地以后，宇航员便可以进行长期的科学试验。

遗憾的是这一计划并没有得到实施。

月球上大部分地区昼夜以 14 天为周期进行交替，而在南北极则存在有类似地球上极夜极昼的现象，因此科学家找到了建造月球基地的首选理想地点——位于月球南极附近的沙克尔顿环形山。环形山的边缘有 80% 的时间处于阳光的照射之下。科学家设想把生产电力的太阳能发电设施放置在阳光充足的区域，并通过微波或电缆将电能传送。这样，位于沙克尔顿环形山边缘的区域就可以得到几乎源源不断的太阳能供应。

根据对月球的探测结果，科学家初步判断，沙克尔顿环形山一带有浓度较高的氢元素储备，而氢可作为进行太空探索主要的火箭发动机燃料之一。同时，在环形山内部的一些永久性阴影区，可能藏有常年不化的冰。冰不仅可以满足月球基地人员的饮用水需要，还可以为太空飞船生产燃料。借助这些月球本身的资源，宇航员能够建造发电、通信和导航系统，当然还包括人类探索月球先驱的住所。

初步设想的月球基地必须有检测月球物质的试验舱、一个加工月球物质的小型化工厂、一个生活舱、一个不加压的储藏舱、一个带观测室和气闸门的连接舱以便宇航员出入月球表面。另外，还需要两辆月球探

 月球基地(设想图)

险车，宇航员将驾驶探险车在月球的表面寻找燃料和水。长期驻扎在月球基地的成员利用月球化工厂生产的产品和建筑材料，会将实验室建设成为年产 10 万吨产品生产能力的月球基地，并将其扩建成为人类飞往火星的基地。当然，要实现后面的步骤则可能是下个世纪或后面好几个世纪的事情了。

6.2 "战神" 1 号运载火箭

"战神" 1 号运载火箭是自 1981 年的航天飞机计划以来，美国国家航空航天局在"星座"计划中研发的第一款全新设计的运载火箭。它采用加长型的航天飞机固体发动机火箭作为第一级，是用于运送宇航员的载人太空运载器。

在"星座"计划中，"战神" 1 号及 5 号运载火箭将载人和载货分两次发射。分两次发射对于这两个型号的运载火箭而言，都可预留较多特殊设计的空间，以完成不同目的的发射任务。其中"战神"1号运载火箭主要是为发射"猎户座"载人飞船而设计的火箭，"猎户座"飞船为再入式的载人飞船，可将宇航员运送到国际太空站、月球，更长期的计划是可以飞往火星。以此为目标的美国"星座"计划中的两只主力火箭之一的载人火箭"战神"1号，于2009

 战神系列运载火箭的 logo

年10月28日15：30完成了首次试飞。这次试飞主要是在评估第一级火箭的发射与回收，没有安装真实的火箭第二级部分以及载人飞船（这些部分都用重物替代了）。

随后由于"星座"计划的取消，这次发射成为"战神"1号运载火箭唯一的一次发射。

第一级火箭

"战神"1号运载火箭的第一级为可重复使用的固体火箭助推器，比航天飞机的固体火箭助推器更大。航天飞机的固体火箭助推器为四段式，"战神"1号运载火箭则有五段，推力较大且推进时间也较久。此外，

 艺术家想象的"战神"1号运载火箭

移除联结航天飞机外部燃料贮箱的支架，将固体火箭助推器的鼻锥改为可承接第二级火箭的液体燃料贮箱。改进后的火箭在联结处安装了固体燃料的分离发动机，用于在第二级发动机点火前将一、二级进行分离。

第二级火箭

"战神"1号运载火箭的第二级推进动力系统采用的是 J-2X 液体火箭发动机，燃料是液氢及液氧。2007 年 7 月 16 日，美国国家航空航天局宣布由洛克达因公司为 J-2X 火箭发动机的地面测试和试验飞行的承包商。

J-2X 液体火箭发动机的前身是"阿波罗"登月计划中的功勋发动机 J-2 的改进版。J-2 发动机曾在"阿波罗"计划中用于"土星"1B 运载火箭的第二级，以及"土星"5 号运载火箭的第二、三级。"阿波罗"计划后经过多次改进，性能有了进一步的提高，还曾作为航天飞机的研制测试阶段的动力。

原本美国国家航空航天局打算使用航天飞机主发动机作为第二级的推进系统，但每台发动机价格达 6000 万美元，过于高昂，如果重新设计发动机，还需要经过地面及真空测试。第二级是不可重复使用的，所以决定使用 J-2X 火箭发动机，这台发动机的价格为 2000 万美元，相对而言较为低廉，不必重新研发，而且有多次发射成功的应用，性能可靠。

虽然 J-2X 火箭发动机是从现有的 J-2 发动机改进而来的，但燃料供应系统却是全新的。燃料贮箱也进行了修改，取消了原先液氧与液氢两个独立贮箱，而采用"土星"5 号运载火箭使用过的共底贮箱方案，从而减少了结构质量，增加了推进剂的容量。同时，增加了的燃料可降低第二级火箭发动机点火时的瞬间加速度，这对载人的发射任务来说是比较有利的。

第二级火箭的顶端放置"猎户座"载人飞船，该级火箭下方安装了类似"土星"1B 运载火箭及"土星"5 号运载火箭的摆动推进系统，能在火箭飞行时控制第一、二级的姿态。

　　"战神"1号运载火箭的第二级使用了与航天飞机的外部燃料贮箱相同的泡绵绝缘体，可隔绝低温推进剂受热，而且可隔绝肯尼迪航天中心潮湿的空气。同样的绝缘材料也用在"哥伦比亚"号航天飞机上，但不幸的是在飞机起飞时，绝缘材料被震落，"哥伦比亚"号航天飞机机翼的防热瓦被绝缘材料的碎片击中，造成返航时气动加热加剧，导致整个航天飞机烧毁。而"战神"1号运载火箭搭载的载人飞船位于火箭的顶端，因此不会有这方面的危险。

　　2007年8月28日，美国国家航空航天局宣布与波音公司签约设计"战神"1号运载火箭的上面级。上面级是负责将卫星或载人飞船精准送入预定轨道的关键部件，由美国国家航空航天局的密乔零件装配厂负责制造。该装配厂曾在20世纪60年代为"土星"5号运载火箭建造第一级箭体，当时是波音公司的厂房，也曾为美国航天飞机制造液氢液氧燃料贮箱。

◀ "战神"1号运载火箭的装配（示意图）

　　按最初的计划，美国国家航空航天局将使用"战神"1号运载火箭发射接替航天飞机执行载人航天任务的"猎户座"太空船，并作为"战神"5号运载火箭的补充，以达到其预期的安全性、可靠性及成本效率。但遗憾的是，美国国家航空航天局在2010年10月通过授权法案取消了包括"战神"1号运载火箭在内的"星座"计划，但相关技术很可能用于未来的太空探索计划。

6.3 "战神" 5 号重型运载火箭

设计思路

《赶往火星：红色星球定居计划》是美国著名科普作家罗伯特·祖布林（Robert Zubrin）的作品，这本书详细介绍了祖布林的"火星计划"。该计划是要实现首次人类登陆火星，其重点是通过利用火星上的资源以及人类的自动化系统制造返回地球的燃料，从而降低往返火星的成本。该书还涉及可能的火星殖民地设计方案，评估了火星上的人类殖民地物质资源自给自足的能力，以及对火星进行地球化改造的可行性。

《赶往火星：红色星球定居计划》一书出版于 1996 年，当时作者在书中就讨论了未来可能的重型运载火箭方案，并给这型火箭取名为"战神"。书中描述的运载火箭由四台航天飞机的主发动机提供第一级火箭的动力，第二级火箭由 RL-10 发动机提供（RL-10 也用于"宇宙神"5 型运载火箭的第二级）。

这本书的影响是深远的，甚至对"星座"计划中的"战神"5 号运载火箭的设计思路提供了某种借鉴。

"战神" 5 号运载火箭是一种重型运载火箭，用于向月球运送大型的设备以及材料，或者将物资运送到地球轨道以外的其他行星上，以维持人类在其他行星上的生存。"战神" 5 号被设计为三级火箭：第一级和第二级同时点火，分别采用固体和液体火箭发动机推进，第三级为地月转移火箭，能够将设备与材料从低地球轨道运送到月球轨道。

2009 年，"战神" 5 号运载火箭接受了初步的设计方案评审。与航天飞机一样，"战神" 5 号使用了一对固体火箭发动机的助推器，芯级为液氢液氧火箭发动机。固体火箭助推器是航天飞机所使用的固体火箭助推器的改进版，采用新型的五段固体燃料药柱，而不是航天飞机的四段药柱。芯级的液体燃料贮箱采用了航天飞机外部燃料贮箱的技术，底部采用五台或六台 RS-68 B 型液体火箭发动机，或者五台航天飞机主发动机。

地月转移火箭类似于"土星"5 号运载火箭上使用的 S-IVB 级火箭，它的作用是将载人飞船和月球着陆器从低地球"停泊"轨道加速到能够脱离地球引力的逃逸速度，并飞向月球或火星。如果不是登月任务，这一级可替换为大型的有效载荷，可由"战神"5 号送至低地球轨道。

运载能力

"战神"5 号运载火箭的载荷能力可将 188 吨的质量送到低地球轨道，可将 71 吨的质量送到月球轨道。如果按计划建造完成，"战神"5 号运载火箭会是有史以来最强大的火箭，超过了美国的"土星"5 号运载火箭以及多次发射失败的苏联 N1 运载火箭。

⬆ "战神"5 号运载火箭部件分解(示意图)

⬆ "战神"5 号运载火箭固体助推器分离(艺术设想图)

"战神"5 号运载火箭被定位为一种大型的货运火箭，对于月球开发而言，可用于大型设备和大规模建筑材料的运输。另外，对于"战神"5 号的用途，还有一项建议是建造一个直径 8~16 米的大孔径太空望远镜（哈勃太空望远镜只有 2.4 米直径）这个超大型的望远镜计划放置在太阳与地球的 L2 点，要实现这样的发射与太空运输就非"战神"5 号运载火箭莫属了。

系列型号

"战神"4 号运载火箭是在"战神"5 号顶部结合了"战神"1 号的第二级，这样的组合总高度为 112 米，到达月球轨道的运载能力为 41 吨，与"土星"5 号运载能力相当。

还有一个该型的方案是按比例缩小"战神"5 号，称为"战神"5Lite型，可将 140 吨重的载荷送入低地球轨道。这个型号可兼顾"战神"1号和"战神"5 号运载火箭的能力，并有可能将二者合二为一，既可以像"战神"5 号运载火箭那样用于货物的运输，同时也可以运送搭载宇航员的"猎户座"载人飞船。

6.4 SLS：星座计划的延续

2004 年，美国总统乔治·布什要求美国国家航空航天局制订一个方案，用于航天飞机退役后继续进行载人航天的探索，这个要求通常被解读为美国重返月球。美国国家航空航天局随即推出了"星座"计划，不仅能满足重返月球的需求，同时也可运送往返国际空间站的宇航员，还能够兼顾未来月球开发、载人火星登陆等更加长远的发展。

美国国家航空航天局估计，该计划到 2018 年送宇航员重返月球要耗资 1000 多亿美元，到 2025 年耗资更高达 2300 亿美元，这还是按照 2004年的美元估算的。伴随着其中许多未知的技术难题，实际所需经费势必更多，以至于美国国家航空航天局坦言对于该计划的总投资金额，无法给出确凿的估算。

对于这个极有可能变成无底洞的庞大计划，奥巴马可不想因为自己的上任总统，在自己任期背负如此巨大的财政负担，于是宣布"星座"计划"超出预算，落后于时间表，且缺乏创新"。经过一系列的严格审查后形成了审查报告，在美国国会作证后，奥巴马政府决定将"星座"计划排除在2011年度美国联邦预算之外。2010年2月1日，奥巴马总统的预算被公布，其中已不再包括"星座"计划的资金。

奥巴马总统及其政府取消"星座"计划的决定在美国航天领域遭到了批评，2010年4月15日，在美国佛罗里达州举办了一次关于太空发展计划的会议，奥巴马总统不得不修改了之前的建议，适当地做了些让步，同意继续开展"猎户座"载人飞船的研制工作，并给新型重型运载火箭的研制设定了最后的期限为2015年，但最终"战神"5号还是没有等到首飞时刻的到来。

"星座"计划取消后，没有合适的运载火箭替代航天飞机进行宇航员的运送，仍旧是美国国家航空航天局的软肋。2011年9月14日，美国国家航空航天局公布了新的航天发射运载器方案——太空发射系统（Space Launch System，简称 SLS）。这个新方案中的发射系统可以搭载"猎户座"载人飞船，从一定程度上来说是"星座"计划的延续，也是"战神"5号的替代品。

SLS运载火箭的设计方案

在SLS的早期方案论证阶段，考虑了多种配置形式，最终形成Block1、Block 1B 和 Block 2 三个版本。每个版本都是用相同的芯级，并采用四台主发动机。Block 1B 的第二级的推力则更大，Block 2 是将更强大的Block 1B 第二级火箭与升级后的助推器相结合，以获得更大的运载能力。Block 1 的低地球轨道运载能力为95吨，Block 1B 为105吨，Block 2 为130吨。SLS Block 2 运载火箭与"阿波罗"计划中"土星"5号的运力相当，但仍小于原"星座"计划中"战神"5号188吨的低地球轨道运载能力。

SLS运载火箭的芯级直径为8.4米，使用四台 RS-25D 液氢液氧发动机，这是由美国航天飞机主发动机改进而来的发动机，改进后的发动机不可重复使用，但单台的费用要比原航天飞机主发动机便宜不少。

SLS Block1 和 Block 1B 运载火箭借鉴了"战神"5号运载火箭的设

计思路，采用两个五段固体火箭助推器，但也是使用后不再被回收。对于 Block 2 则采用了更加先进的火箭助推器，并对此进行了方案招标，美国多家公司给出了自己的方案。Aerojet 公司提出采用一种新研发的液氧煤油发动机，每个助推器用三台这款发动机；ATK 公司提出改进推进器外壳，并使用高能推进剂的固体火箭助推器；洛克达因公司提出了每个助推器采用两台 F-1B 液氧煤油发动机，而 F-1B 的原型就是用于"土星"5 号第一级火箭的 F-1 发动机，采用如此大推力的发动机，SLS Block 2 的低地球轨道有效载荷能力可提高到 150 吨，比美国国家航空航天局设想的 130 吨载荷能力还多出了 20 吨。

SLS 第二级火箭的发动机选择也是多样的。计划于 2020 年发射的 Block 1 将使用一款临时的低温推进系统，这个系统由美国德尔塔 4 型火箭的第二级改进而来，这种配置下，Block 1 的运载能力可从 70 吨提高到 95 吨，是美国国家航空航天局规划的该型火箭的基准运载能力。用于月球探测的 SLS 火箭将采用与芯级直径相同的第二级，直径为 8.4 米，将由四台 RL10 发动机提供动力。

另外，自 2013 年开始，美国马歇尔太空飞行中心正在研究一种用于从地球轨道到火星轨道的核热火箭发动机，该发动机也可以作为 SLS 运载火箭的第二级的动力推进系统。通过已有的地面测试，这种核热火箭

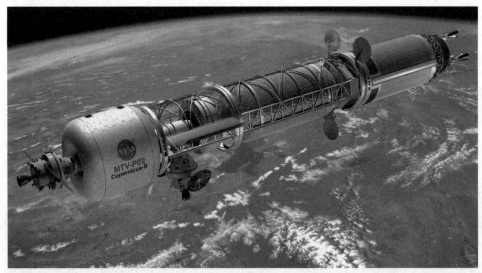

采用核热火箭发动机的载人火星转移飞行器（艺术设想图），各部件由 SLS Block 2 运载火箭发射，在低地球轨道组装后飞向火星

发动机的效率至少是最先进的化学能发动机的两倍，这将使得飞行速度和有效载荷大幅度增加。如果用于飞向火星，化学能火箭需要6~9个月，而采用核热火箭则只需要3~4个月，飞行时间缩短可减少宇航员受到宇宙射线辐射的危害。

新运载火箭的建造与成本

2014年11月中旬，第一枚SLS火箭在美国国家航空航天局的密乔装配厂的垂直装配大楼，使用新的焊接系统进行加工，SLS火箭的芯级就在这里进行组装。

⬆ SLS Block 1 运载火箭矗立在发射台上（艺术设想图）

2015年1月，美国国家航空航天局开始对改进后的 RS-25D 发动机进行测试。在美国各地的多个承包商也陆续开始建造SLS运载火箭的各个不同部件。ATK公司于2016年开始制造了固体火箭助推器，并进行了试射。

研制与发射成本依旧是航天计划所要考虑的关键因素之一，2011年9月，美国国家航空航天局面向

⬆ SLS Block 1 运载火箭冲出云端（艺术设想图）

参议院召开发布会，称 SLS 计划到2017年预计开发成本约为180亿美元，其中运载火箭研制为100亿美元，"猎户座"载人飞船为60亿美元，另有20亿美元用于升级肯尼迪航天发射中心的发射台和其他设施。

相较于星座计划千亿美元的预算，SLS 计划显然低廉了很多。但航天技术研发毕竟是高投入的行业，同年一份非官方报道指出，到2025年，SLS 计划的成本至少要达到410亿美元，才能完成4次95吨低地球轨道的发射，而130吨级的发射不会早于2030年，也就是说，要实现美

正在进行焊接加工的 SLS 运载火箭液氧(左)和液氢(右)贮箱罐

RS-25D 发动机进行测试

国国家航空航天局对 SLS 运载火箭的规划，后续还要追加数倍的投资。

马歇尔太空飞行中心 SLS 项目经理 Jody Singer 在 2012 年 9 月表示，5 亿美元是每次发射 SLS 的合理目标成本。相比之下，"土星" 5 号的发射费用按 1969 至 1971 间的美元计算约为 1.89 亿美元，或按照通货膨胀调整后的 2016 年美元计算约为 12.3 亿美元。

在 2011 至 2018 财政年度，SLS 计划已经花费了总额为 140 亿美元的资金，考虑通货膨胀指数后这相当于 2018 年的约 150 亿美元。

美国总统总是喜欢和自己的上任唱反调，奥巴马取消了布什总统提出的 "星座" 计划，而特朗普当选美国总统之后没多久，便来了个 180°的大转弯，重新考虑将重返月球作为美国航天首要考虑的目标。

2017 年 12 月 11 日，是美国完成 "阿波罗" 计划最后一次登月 45 周年的纪念日。就在这一天，美国总统特朗普正式签署了被称为 "1 号太空政策指令" 的行政命令，宣布将"重返月球"。

美国总统特朗普宣称："这一次我们不仅要在月球上插上旗帜、留下脚印，还要为最终的火星任务奠定基础，也许将来还会前往更遥远的世界。"在特朗普的眼中，太空探索、重返月球是重塑

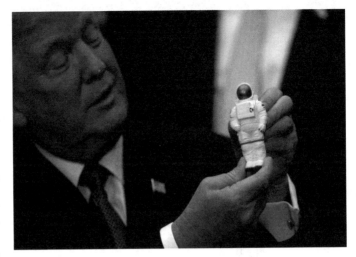

特朗普的"1 号太空政策指令"

美国领导力的一个重要领域，在太空也要"让美国再次伟大"。

2019 年 1 月 3 日，中国嫦娥四号月球探测器实现了人类第一次月球背面的着陆。同年 2 月 22 日，以色列的"创世纪"号月球探测器发射升空，遗憾的是在最后着陆阶段失败。对于月球探测，近年来俄罗斯也多次表态要开展月球探测以及载人登月。

面对这样的国际形势，美国特朗普政府似乎有些沉不住气了。2019 年 3 月 26 日，美国副总统彭斯在国家太空委员会第五次会议上发表演说，提到要将宇航员再次送上月球："50 年前，人迈出的一小步成了人类的一次巨大飞跃。如今进行下一次巨大飞跃的时机已到，让美国宇航员重返月球，在那里建立永久基地，并开发技术，将美国宇航员带到火星及其他地方。这是下一个巨大飞跃。我们拥有重返月球，重建美国在人类太空探索领域领导地位的技术。我们现在需要的是紧迫感。毫无疑问，我们今天处于太空竞赛，正如我们上世纪 60 年代时一样，而且利害关系更大。"

在美国新的太空政策的支持下，原本已取消的"星座"计划，或许会以某个新的计划得以重生，美国国家航空航天局主导的重型运载火箭研制还将持续进行。

第7章

重型"猎鹰"运载火箭

>>>

7.1 商业航天的兴起

追溯商业航天的历史

第二次世界大战结束之后,美国和苏联分别从战败的德国分得了V-2火箭的相关技术与科技人员。自20世纪50年代开始,美国和苏联在争夺"制太空"权方面展开了你追我赶的竞赛。从第一颗人造卫星上天、第一名宇航员环绕地球飞行,到空间站的建立、宇航员登陆月球、航天飞机的诞生,这些人类航天的伟大成就可以说都是在美苏双方势均力敌的竞争态势下所取得的。

在强大的国家意志下,无论美国还是苏联,都从国家层面最大限度地调用每个航天计划所需的人力、物力和财力。以美国"阿波罗"计划为例,从该计划开始启动的1961年5月至第六次成功登月的1972年12月,历时约11年,总耗资255亿美元,如果折合成现在的美元,则高达2000亿美元。美国在1967年的GDP约为8300多亿美元,肯尼迪总统给予了"阿波罗"登月计划以"全国最高优先权",在财政上全力支持美国国家航空航天局领导的"阿波罗"登月计划,每年美国全部科技研发经费的20%用于该计划。在工程的高峰期,参加"阿波罗"登月计划的有2万家企业、200多所大学和80多个科研机构,总人数超过30万。

随着第一颗人造卫星发射升空后,卫星除在军事侦察方面可发挥重要的作用外,另一个非常重要的应用领域就是通信广播,因此通信卫星就具有军民两用的特点。作为资本主义社会的美国,各商业财团自然希望通过通信卫星这一新生事物获取财富,因此他们希望能够拥有并运营自己的通信卫星。

1962年,美国参众两院先后通过了《通信卫星法案》,同年8月31

日，时任美国总统约翰·肯尼迪签署了该法案。美国《通信卫星法案》的通过，为美国的私人公司拥有和运营自己的卫星开辟了道路，这被认为是商业航天的第一阶段，但此时仍需要使用美国国家航空航天局所主导的运载火箭发射。

美国商业航天的"破冰"之旅

没有了冷战期间的太空竞赛，20世纪90年代后，美国的太空探索似乎也失去了动力与方向。美国国家航空航天局的太空政策随着白宫的易主而不断地发生着变化。

1984年10月30日，美国总统罗纳德·里根签署了《商业航天发射法》，这使得美国私人公司发射运载火箭成为可能。1990年11月5日，美国总统老布什签署了《发射服务购买法》。该法案完全推翻了美国航天飞机对卫星发射的垄断，法案要求美国国家航空航天局在需要卫星发射服务时，要从商业发射提供者那里购买发射服务。

但在20世纪90年代，研制运载火箭的能力主要还垄断在美国波音和洛克希德·马丁这两家军火巨头公司手中，美国政府要选择发射服务商最终也只能在这两家公司中选择。1998年，美国又通过了《商业航天法》，进一步落实了1990年《发射服务购买法》中的相关规定。

载人太空飞行向来是政府主导并以军人为主的飞行任务，20世纪90年代以后，关于普通人是否能够进入太空的话题越来越被关注。要进入太空，哪怕是进行不环绕地球的亚轨道飞行，也需要运载工具。因此，发展太空旅游，研制运载火箭或火箭动力的亚轨道飞机，引起了一些私人企业的关注，并吸引了私人资本的投资。

2003年12月17日，为纪念莱特兄弟飞机首飞100周年，"太空船"1号的试

"太空船"1号于2004年6月21日进行亚轨道飞行之后返回地面

验飞行器在试飞员布莱恩·宾尼的驾驶下，进行了一次火箭动力的飞行，这是第一个由私人公司研制的飞行器实现的超声速飞行。第二年，"太空船" 1 号进行了三次进入太空的亚轨道飞行，成了第一个由私人公司研制、建造并运营的实现载人太空飞行的飞行器。

2004 年 10 月 4 日，"太空船" 1 号因两周内两次达到 100 千米的高度，赢得了 1000 万美金的安萨里 X 大奖。这是第一个由非政府组织推出的可重复使用载人太空飞行的比赛，这一比赛旨在促进低成本的太空飞行技术，并推动私人太空事业的发展。这一举措也非常类似于在 20 世纪早期推动航空技术进步与发展的飞机飞行竞速比赛。

但就在 2004 年，美国国家航空航天局仍然将私人太空飞行视为非法。为了改变这一局面，美国出台了《商业航天发射修正法案》。该法案要求美国国家航空航天局和美国联邦航空管理局将私人太空飞行合法化。但直到现在，美国联邦航空管理局仍拒绝向任何私人航天公司提供商业载人太空飞行的执照，因此，太空商业客运飞行仍然是非法的。

2015 年 11 月，美国通过了《2015 太空行动法案》，这一方案的目的是鼓励私人在航天领域的竞争与创业，并通过法律的形式明确允许"美国公民可参与太空资源的商业勘探与开发"，但这一公民的权利不包括生物生命，也就是说，任何活的东西不可以作为商业开发。所以真正意义上的私人太空旅游，还有待时日。

美国政府不得已推出的 COTS 计划

2003 年，美国"哥伦比亚"号航天飞机失事，加速了航天飞机的退役。在之后若干年里，美国竟然没有运载火箭能够将宇航员送入太空，在 2011 年航天飞机完成最后一次飞行任务后，一直在依靠俄罗斯的"联盟"号运载火箭将宇航员送往国际空间站。

面对青黄不接的航天运载能力，2006 年 1 月 18 日，美国国家航空航天局宣布了一项商业轨道运输服务（COTS）计划，旨在支持与协调私营公司向国际空间站提供宇航员及货物的运送能力，实质上就是支持私营企业开发航天运载器。之后，美国国家航空航天局先后于 2006 年和 2008 年，分别与 SpaceX 公司和轨道科学公司签署了合作协议。

美国国家航空航天局认为 COTS 计划取得了巨大的成功，与以往的研发计划相比，该计划极大地降低了研制成本，例如"猎户座"载人飞船项目花费了 120 亿美元，至今没有见到成果，而仅投入 8 亿美元的 COTS 计划却以前所未有的高效率，研制出了两款新型的运载火箭和两艘自动货运飞船。

2008 年 12 月 22 日，美国启动了商业补给服务（简称 CRS）计划，该计划是在 COTS 计划研制成果的基础上，向私人航天企业购买航天发射服务，用于向国际空间站运送货物和物资。同年，第一批 CRS 合同得以签署，美国国家航空航天局向 SpaceX 公司购买 12 次货物运输的发射服务，合同总金额 16 亿美元。另外，与轨道科学公司签署了价值 19 亿美元的 8 次发射任务的合同。2015 年，美国国家航空航天局又通过额外的发射服务延长了第一批分别与这两家公司签订的合同。通过延长之后，SpaceX 公司共获得了 20 次发射任务，轨道科学公司获得了 10 次。

SpaceX 公司于 2012 年开始执行国际空间站的飞行补给任务，使用"猎鹰"9 号运载火箭在美国佛罗里达州卡纳维拉尔角的空军基地将"龙"货运飞船送入太空。2013 年，使用"安塔尔"运载火箭，从位于弗吉尼亚州的沃洛普斯岛航天发射场将"天鹅座"飞船发射升空。

2012 年 5 月 25 日，SpaceX "龙"商用货运飞船抵达国际空间站，成为第一个商业开发的太空飞船与国际空间站对接

第二阶段的商业补给服务（简称 CRS2）合同于 2014 年发布，于 2016 年分别与三家公司签署，用于 2019 年开始的货运航天发射任务，预计将持续到 2024 年。

Space X 公司的建立

2001 年，埃隆·马斯克提出了"火星绿洲"的一项提议，计划向火星发射一个小型实验温室，里面种植植物，"这个温室将成为生命曾到达

的最远的地方"。这一计划是为了吸引公众对太空探索的兴趣，同时也希望能促进国会增加拨付给美国国家航空航天局的经费。

马斯克也尝试从俄罗斯购买火箭，自己进行航天发射，但因价格过于高昂而不得不放弃。在从俄罗斯回来的飞机上，马斯克想到自己创立一家制造火箭的公司，造出他所需要的便宜火箭。马斯克仔细计算了火箭制造所需原材料的价格，发现材料成本仅仅是当时火箭售价的 3%。通过自行生产 85% 的硬件设备及软件模块，并在自己公司的厂房进行组装，马斯克坚信能够将火箭的发射价格降低到十分之一，并且拥有 70% 的毛利润。

2002 年，马斯克找到了火箭科学家汤姆·穆勒，并邀请其担任公司推进系统的首席技术官，穆勒接受了马斯克的邀请，于是 SpaceX 公司就此诞生了。最初，SpaceX 公司的总部设在一间仓库里，条件非常简陋，但 SpaceX 公司发展迅速，取得了许多骄人的成就。

2011 年，美国国家航空航天局向 SpaceX 授予了商业载人开发合约，SpaceX 开始进行可重复使用发射系统技术的研发项目，研发并测试拥有载人能力的"龙飞"船，用以运送航天员往返国际空间站。

2015 年 12 月，SpaceX 顺利使"猎鹰"9 号的一级火箭飞回发射场附近的着陆场，并成功进行了垂直动力着陆，这是轨道级火箭首次实现此成就。2017 年 3 月，SpaceX 将已回收的火箭第一级再次用于发射，并再次成功着陆，实现了第一级火箭的可重复使用。

↑ 2015 年 12 月 21 日，"猎鹰"9 号运载火箭的第一级成功着陆

7.2 "蚱蜢"的跳跃

　　运载火箭的第一级与助推器一般是在40~70千米的高度与第二级进行分离，分离后的第一级火箭与助推器通常会无控地坠落地面。由于分离高度还在大气层范围内，速度还远没有达到第一宇宙速度，因此坠落到地面前的第一级火箭及助推器通常是完整的，不会在大气层内烧毁。所以运载火箭最有可能实现回收与重复使用的就是第一级火箭及助推器。

　　最简单的一种回收方式就是用降落伞减速，用气囊进行缓冲，或者在海面溅落利用海水进行缓冲。但由于降落伞很难进行精准的控制，因此落区范围仍较大，这给落区场地的准备与搜索都带来了一定的难度。所以截至目前，只有航天飞机的两个固体助推器采用了降落伞减速然后在海面溅落的方式进行回收。

　　与飘忽不定的伞降相比，如果火箭的第一级或助推器能够在有动力的控制下，精准地返回地面着陆点，无疑要更具有吸引力，这就不由让人想到用于航天发射与回收的垂直起降技术。历史上航天飞行器的垂直起降成功应用于"阿波罗"登月舱，这是一个两级的飞行器，由下降级和上升级组成，通过下降级火箭垂直软着陆到月球表面，任务完成后上升级与下降级分离，上升级发动机点火垂直起飞离开月球。垂直起降技术在月球上的成功应用，也激发了人们考虑是否能够在从地球上起飞发射的运载器上也采用这一技术。

　　20世纪90年代，麦道公司根据美国国防部战略防御计划的需求，研制了一款单级入轨运载器，并制造了1/3缩比的试验飞行器DC-X（别名"三角快帆"）。DC-X共有4台液氢液氧发动机，于1993年首飞，到1995年共进行了8次飞行试验，验证了起飞、悬停、机动、着陆等性能，但在第 8 次飞行试验中，由于着陆速度过快而导致壳体损坏。

1995 年，美国国家航空航天局对 DC-X 的发动机、贮箱、材料等做了改进，改进后的试验飞行器称为 DC-XA。DC-XA 在 1996 年共进行了四次飞行试验，其中第二次和第三次飞行间隔时间仅 26 小时；在第四次飞行试验中，由于两个着陆架未展开，着陆失败导致爆炸。后来由于缺乏资金，该项目终止。

之后十几年里，美国国家航空航天局没有再大规模开展垂直起降技术的研究，但鼓励民营企业开展该方向的技术发展。2009 年，美国国家航空航天局发起了月球着陆器挑战赛，Masten Space Systems 公司设计的 Xombie/Xoie 垂直起降火箭试验平台取得了最终大奖。

美国另一家民营科技企业蓝色起源公司也看好用于亚轨道和入轨

⬆ 1993 年 9 月 11 日，DC-X 火箭进行的起飞、平移、着陆试验

⬆ DC-XA 可重复使用运载火箭的（艺术设想图）

发射的垂直起降火箭技术，2015 年 11 月 23 日，蓝色起源公司成功采用 BE-3 液氢液氧发动机实现了亚轨道飞行，达到了 100 千米的高度，并成功进行了助推级的垂直软着陆，首次实现了亚轨道垂直起降可重复使用助推级的发射和定点垂直软着陆回收。2016 年 1 月 22 日，回收的助推级再次发射，也到达了 100 千米的亚轨道高度，并成功定点垂直软着陆。

在垂直起降火箭技术已有一定积累的基础上，SpaceX 公司的创始人埃隆·马斯克也非常看好这项技术。

2011 年，SpaceX 公司宣布开展进行可重复使用火箭的飞行试验，试验飞行器称为"蚱蜢"。SpaceX 公司建造了两个"蚱蜢"试验飞行器，

🔼 蓝色起源公司的垂直起降火箭试飞结束后着陆

🔼 蓝色起源公司的新垂直起降火箭于 2019 年 5 月 2 日成功发射升空

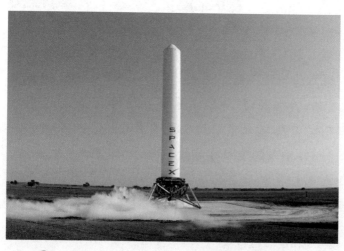

🔼 2012 年 9 月 21 日，SpaceX 测试"蚱蜢"垂直起降技术

都是从地面进行垂直起飞并着陆。

"蚱蜢"的第一个试验飞行器由"猎鹰"9 号（V1.0 版）的第一级火箭改进而来的，安装一台默林-1D 发动机，高度为 32 米，起落架是固定的。2012—2013 年共完成了 8 次试飞，最大飞行高度为 744 米，最大横移距离为 100 米，测试了火箭垂直起降必需的变推力控制、精确导航、制导和控制等技术。

第二个"蚱蜢"试验飞行器是基于"猎鹰"9 号（V1.1 版）的第一级火箭打造而来，高 48.4 米，比第一个"蚱蜢"高出了约 50%。其着陆支架跨度约为 18 米，重量小于 2100 千克，并可以进行收缩展开。这个"蚱蜢"安装了三个发动机进行起飞和加速，下降和着陆时只用一台中心位置的发动机。新的"蚱蜢"于 2014 年 4 月进行了首飞，并在第三次测试飞行中安装了栅格舵，用于着陆阶段的姿态控制。

两个"蚱蜢"进行的一系列飞行试验，使 SpaceX 公司积累了足够的垂直起降火箭技术，并有信心将这一技术应

用于"猎鹰"9号运载火箭真实的第一级。2015年12月21日,"猎鹰"9号运载火箭首次尝试将第一级降落在发射场附近的陆地上,并取得了成功。

🚀 "蚱蜢"火箭水平飞行325米,然后进行软着陆

7.3 从"猎鹰"1号到"猎鹰"9号

出师不利的"猎鹰"1号运载火箭

对于一家火箭公司而言,其最核心的技术就是火箭发动机了,如果依靠购买火箭发动机进行火箭研制与生产,无疑是要受制于人的,而且火箭发动机的成本占据整个火箭制造成本的绝大部分。因此,SpaceX公司在创建之初就意识到,自己研发一款液体火箭发动机是万里长征的第一步,"猎鹰"系列运载火箭的研制过程同时也是SpaceX公司自行研制的"梅林"系列液氧煤油发动机不断成长与升级的过程。

"猎鹰"1号运载火箭使用梅林-1A发动机作为主发动机,发动机推力为34.7吨,这在液体火箭发动机领域来说并不大。梅林-1A发动机的技术起点并不高,它的喷管使用烧蚀冷却技术,涡轮泵和燃烧室的设计也非常的中规中矩。如果一定要说有什么亮点,那么燃烧室的针栓式喷注器算是一个创新,这种设计容易实现较大的节流比例。

梅林-1B 是梅林-1A 发动机的升级型号，海平面推力提高到 380 千牛 (38.8 吨)，海平面比冲 261 秒，真空比冲 303 秒，这个指标即使与几十年前的 MB-3 液氧煤油发动机相比也并不出色。梅林-1B 发动机从未上天，但它为新的梅林-1C 发动机打下了扎实的技术基础。

🔊 梅林-1A 型火箭发动机

新的梅林-1C 发动机喷管使用了再生冷却技术，它的海平面推力增加到 350 千牛（35.7 吨），还衍生出真空版梅林-1C 发动机。此款发动机在性能上仍旧相当平庸，但它推动了"猎鹰"1 号和"猎鹰"9 号火箭走向成功，是 Space X 公司第一种成功的大推力液体火箭发动机。梅林-1C 还发展出了梅林-1C Block II 发动机，这种改进型发动机性能得到了很大提高，海平面推力提高到 56.7 吨，比冲为 275 秒，真空比冲 304 秒，最重要的是它的重量只有 653 千克，比增推前的梅林-1C 还轻了 3 千克，因此推重比提高到 96。梅林-1 系列发动机终于在大推重比这一性能指标上崭露头角。

🔊 正在组装中的梅林-1C 型火箭发动机

梅林-1A 发动机用于初出茅庐的"猎鹰"1 号运载火箭，这是一款两级入轨的运载火箭，第一级采用单台梅林发动机，第二级采用红隼液氧煤油加压型火箭发动机，这型发动机也是由 SpaceX 公司自行研制的，仅用于"猎鹰"1 号火箭。

"猎鹰"1 号运载火箭全长 21.2 米，直径 1.7 米，起飞总重 27 吨，最大低地球轨道载荷能力为 670 千克，这在运载火箭家族中算是一个小型

🔊 梅林-1A 发动机与"猎鹰"1 号运载火箭正在进行组装

的运载火箭，但 SpaceX 公司就是利用这款小型运载火箭验证了其技术的可行性。

"猎鹰" 1 号的降生似乎是异常的艰难，2006 年 3 月 24 日，"猎鹰" 1 号迎来了首飞，但仅仅发射 33 秒后，发动机即发生故障，星箭俱损。

⬆ 遭遇三连败后，2008 年 9 月 28 日 "猎鹰" 1 号第四次发射取得了成功

随后两年里的两次发射也同样以失败而告终。

2008 年 9 月 28 日，"猎鹰" 1 号运载火箭搭载 SpaceX 公司 165 千克试验载荷，终于发射成功，成为第一枚由私人开发的、具有将有效载荷送入低地球轨道能力的运载火箭。2009 年 7 月 14 日，"猎鹰" 1 号运载火箭又进行了一次成功的发射，将马来西亚的一颗卫星送入预定轨道，这是 "猎鹰" 1 号的最后一次飞行，也是 SpaceX 公司首次商业发射任务。此后，"猎鹰" 1 号运载火箭退出，将探索太空的接力棒转交给了 "猎鹰" 9 号运载火箭。

大展宏图的 "猎鹰" 9 号运载火箭

"猎鹰" 9 号运载火箭采用的是新一代的梅林-1D 型火箭发动机，这种发动机无论是设计还是性能都有了革命性的提高，而且本身还细分出多个升级的亚型号，性能不断提高，让梅林发动机真正成为世界液体火箭发动机中的佼佼者。

2012 年，梅林-1D 发动机开始试车，它的地面推力为 67 吨，真空推力 74 吨，海平面比冲 282 秒，真空比冲 311 秒，比冲数据在传统燃气发生器循环液氧煤油发动机中位居榜首，至于真空版梅林-1D 发动机的比冲更是达到了 345 秒以上。

更令人称奇的是，梅林-1D 发动机在推力有所提高、燃烧室压强大幅提高的条件下，发动机重量反而降低到约 468 千克，这使它的推重比

↑ 梅林-1D 液氧煤油发动机

↑ 梅林-1D 发动机进行地面测试

↑ "猎鹰" 9V1.0运载火箭底部 9 台发动机成 3×3 矩形排列

提高到约 160，超过苏联时代的 NK-15 发动机，一跃成为人类液体火箭发动机推重比最高的型号。梅林-1D 这种超高推重比的先进发动机，成为"猎鹰" 9 号火箭性能不断跃升的基础。应用了梅林-1D 发动机后，"猎鹰" 9 号火箭从原来的 V1.0 版本升级为 V1.1，低地球轨道运载能力从约 10 吨提高到约 13 吨。

SpaceX 公司又升级研制了梅林-1D+发动机，它的推力和推重比进一步提高，真空推力提高到约 84 吨，推重比达到了 180，同时发动机燃烧时压强进一步提高到 10.8 兆帕，比冲略有提高。使用梅林-1D+发动机的型号被称为"猎鹰" 9 号 V1.1 全推力版。据称，梅林-1D+发动机可以在 111% 的推力下工作，也就是说它的地面推力可以增加到 86.2 吨，此时发动机推重比高达 199。凭借梅林-1D+发动机的卓越性能，新型"猎鹰" 9 号火箭的近地轨道运载能力提高到 22.8 吨，同步转移轨道为 8.3 吨，从而成为商业航天发射市场上最具竞争力的火箭。

或许是SpaceX 公司创始人马斯克受早年在互联网领域创业经历的影响，"猎鹰" 9 号运载火箭型号的迭代改进也以字母 V 加以标示。"猎鹰" 9 V1.0 是"猎鹰" 9 号系列运载

2013 年 9 月 29 日，第一枚"猎鹰"9V1.1 从美国范登堡空军基地发射升空

火箭的第一个型号，第一级采用了 9 台梅林-1C 型火箭发动机，以 3×3 矩阵的形式排列；第二级采用单台梅林-1C 真空型发动机。"猎鹰"9 V1.0 的高度为 47.8 米，低地球轨道运载能力为 10.45 吨，首飞于 2010 年 6 月 4 日。这一版本的"猎鹰"9 号共进行了 5 次发射，其中 4 次成功，1 次部分失败。

"猎鹰"9V1.1 是"猎鹰"9 号运载火箭的第二个版本，推力和重量相对第一个版本都有了大幅度的增加。该版本火箭的第一级采用 9 台梅林-1D 型火箭发动机，9 台发动机的布局也从之前的 3×3 布局改为了中间 1 台，周围 8 台环形均布。第二级采用 1 台真空型梅林-1D 发动机，火箭高度增加到 68.4 米，低地球轨道的运载能力提升到了 13 吨。"猎鹰"9 V1.1 从 2013 年至 2016 年间共进行了 15 次发射，其中 14 次取得了成功。

2013 年 3 月"猎鹰"9 V1.0 在国际空间站的货物再补给任务中，启用未经螺旋的"龙"太空船，这是 1.0 版"猎鹰"9 的第五次也是最后一次飞行

"猎鹰"9V1.2 型火箭于 2017 年 1 月 14 日在美国范登堡空军基地发射升空

"猎鹰" 9V1.2, 也称 "猎鹰" 9 全推力型运载火箭, 是一种部分可重复使用的中型运载火箭, 于 2015 年 12 月首飞, 截至 2019 年 3 月, 共计进行了 49 次发射, 均取得了成功。"猎鹰" 9 V1.2 型运载火箭升级了梅林-1D 火箭发动机, 低地球轨道运载能力进一步提高到了 22.8 吨, 并可将 4 吨重的有效载荷送入火星轨道。

7.4 "猎鹰" 重型运载火箭的成长

2018 年 2 月 6 日美国东部时间下午 3：45, 美国 SpaceX 公司在位于卡纳维拉尔角的肯尼迪航天中心 39A 发射台发射了第一枚 "猎鹰" 重型运载火箭, 将一辆重约 1.25 吨的红色特斯拉跑车送入太空, "猎鹰" 重型运载火箭成为目前现役世界上运载能力最大的运载火箭。首次飞行任务中, 火箭二级发动机三次启动, 成功将红色跑车送入飞向火星的轨道, 并继续向火星与木星之间的小行星带前进, 这辆跑车将成为太阳系中的一颗人造天体。

"猎鹰" 重型运载火箭是在 "猎鹰" 9 号运载火箭基础上研制的, 研制工作开始于 2011 年 4 月, 其设计目标是将每磅有效载荷送入地球轨

⬆ 2018 年 2 月 6 日, SpaceX 公司的 "猎鹰" 重型运载火箭首飞成功

"猎鹰" 重型运载火箭, 总计研制投入约 5 亿美元, 这比美国国家航空航天局 20 世纪六七十年代在 "土星" 5 号运载火箭上投入的 60 多亿美元少了很多, 而与同时正在研制的太空发射系统 SLS 重型运载火箭的开发费用预计的高达数百亿美元相比, 更是少得可怜。

道的成本由 1 万美元降低到 1000 美元，未来还可以开展载人太空飞行，能够发射 SpaceX 公司自行研制的"龙"飞船进行载人空间研究与太空旅游。

"猎鹰"重型火箭的研制过程并不顺利，首飞的时间最初计划是在 2013 年，但由于种种技术问题而一拖再拖。由于研制难度巨大，SpaceX 公司也曾 3 次考虑取消"猎鹰"重型火箭这个项目。

"猎鹰"重型运载火箭大量继承了"猎鹰"9 号火箭成熟的技术，首飞采用三个"猎鹰"9 号的第一级火箭分别作为"猎鹰"重型运载火箭的第一芯级及两个助推级，另外在第一芯级上面再串联了一个相同直径的第二级火箭。第一芯级和两

> "猎鹰"重型运载火箭全长 70 米，芯级直径 3.66 米，起飞质量 1420.8 吨。

个助推级火箭分别采用了 9 台梅林-1D+型液氧煤油发动机,起飞时 27 台发动机同时点火工作，将火箭托举起来。

"猎鹰"重型火箭大量使用轻质、高强度的铝锂合金材料和先进的结构设计技术，配备具有大推重比、大范围节流能力的发动机，并采用推进剂过冷加注和交叉输送技术，这一切措施使得火箭具有极高的运载效率，其近地轨道运载效率，即载荷比达到了惊人的 4.5%。其低地球轨道最大运载能力已超越目前的所有现役的运载火箭，是目前美国"德尔塔"运载火箭 28.8 吨运载能力的 2.2 倍。"猎鹰"重型运载火箭从范登堡空军基地和肯尼迪航天中心的发射场发射，执行低地球轨道（运载能力为 63.8 吨），地球同步转移轨道（运载能力为 26.7 吨），地球火星转移轨道（运载能力为 16.8 吨）的发射任务。

能实现如此高

⬆ "猎鹰"重型运载火箭首飞中的两个助推级火箭同时实现自主着陆

运载效率的重要核心部件是 SpaceX 公司研制的梅林-1D+型液氧煤油发动机。它采用泵压及燃气发生器循环燃烧，推重比在地面可达 183：1，在真空状态下可达 198：1，具有 55%~100% 的大范围变推力能力，且具有多次启动的能力。高性能的发动机特性为"猎鹰"重型火箭的设计带来了诸多优势：在火箭上升飞行段，发动机节流可用于提升火箭性能、降低气动载荷和飞行过载、实现动力冗余；在火箭垂直回收时，可实现对落点的位置、速度和姿态较高的控制精度。

三种重型运载火箭第一级火箭发动机配置方式：顶部：SpaceX"猎鹰"重型　左下角：苏联 N1　右下角：美国"土星"5 号

"猎鹰"重型运载火箭的第二级采用了一台梅林-1D+真空型的液氧煤油发动机，本质上来说与第一级芯级和助推级火箭所采用的梅林-1D+型发动机属于同一型号。因此可以说 SpaceX 公司用一个发动机型号，一个箭体直径同时满足了大型和重型两款运载火箭的需求，这对于降低发动机的研制费用、减少生成线的复杂程度、提高生产效率是至关重要的。

"猎鹰"重型火箭继承了"猎鹰"9 号火箭的自主可控回收技术，在 2018 年的首飞中，助推级火箭的回收非常顺利，几乎同时在相距 300 米的两个陆上着陆区成功实现垂直着陆。回收后经过检测维护可以再次发射。"猎鹰"重型火箭可回收第一芯级和两个助推级，从整体上大幅提升了重复使用率，就发

2019 年 4 月，SpaceX 公司的"猎鹰"重型火箭从肯尼迪航天中心 39A 发射台发射升空

动机数量而言，全箭 28 台发动机中有 27 台能够重复使用，复用率达到了 96%。可重复使用技术完善成熟之后，将大幅降低火箭发射费用，并提升火箭发射频率。同时，SpaceX 还在开展"猎鹰"火箭整流罩回收和重复使用的研究工作。据称，已在"猎鹰"9 号火箭的飞行任务中进行过回收试验。

根据 SpaceX 公司公布的发射价格进行计算，"猎鹰"重型火箭近地轨道每千克载荷发射费用仅为 1410 美元左右，而地球同步转移轨道任务每千克的发射费用约为 11 250 美元，进一步刷新了目前运载火箭在发射费用方面的最低纪录。凭借较低的发射价格和较强的运载能力，"猎鹰"重型火箭赢得了各方卫星用户的关注，其研制也得到了美国政府和军方的大力支持。"猎鹰"重型运载火箭将在大型有效载荷和无人深空探测任务中发挥重要的作用。

8.1 "长征"路上的中国运载火箭

"长征"系列运载火箭是我国自行研制的航天运载工具。"长征"系列火箭从 1965 年开始研制，1970 年 4 月 24 日，"长征"一号运载火箭首次发射就成功地将我国第一颗人造地球卫星"东方红"一号送入太空。

目前，"长征"火箭有 8 个系列，退役、现役和在研型号共有 21 个，其中可用于近地轨道发射的有 16 种，可用于中高轨道发射的有 8 种，基本覆盖了各种地球轨道的不同航天器的发射需要，并具备深空探测能力。其发射能力分别是：近地轨道 25 吨，太阳同步轨道 15 吨，地球同步转移轨道 14 吨。

2019 年 3 月 10 日，"长征"三号乙运载火箭托举着中星 6C 卫星从西昌卫星发射中心腾空而起，随后卫星成功进入预定轨道。至此，中国"长征"系列运载火箭已完成了 300 次发射，是中国航天发展历程中的重要历史节点。截至 2019 年 6 月 5 日"长征"系列运载火箭完成了 306 次发射，成功率超过 95%。从 1970 年首飞至今，"长征"系列运载火箭先后成功将 500 多个航天器送入预定轨道，具备了发射低、中、高不同轨道、不同类型载荷的能力，运载能力、发射频率、成功率、入轨精度和适应能力均已达到世界一流水平，成为中国第一、世界知名、在国际高科技产业具有自主知识产权的品牌。多年来，"长征"系列运载火箭有力地支撑和保障了中国载人航天、月球探测、"北斗"卫星导航、高分辨率对地观测系统等一系列重大工程任务的成功实施，为推动相关领域发展，加快科技强国和航天强国建设打下了坚实基础。

据统计，在"长征"火箭第 3 个 100 次的发射中，共将 225 颗航天器送入预定轨道，发射成功率高达 97%。2018 年，"长征"火箭以全年

37 次发射的全胜战绩，首次独居世界航天发射次数年度第一位。

"长征"系列火箭除了发射中国人自己制造的卫星外，也在国际商业卫星发射市场上占有了一席之地。我国政府于 1985 年宣布"长征"火箭进入国际商业发射服务市场，经过不懈地努力，1990 年 4 月 7 日，"长征"三号运载火箭成功发射了美国休斯公司研制的"亚洲"一号卫星，这标志着"长征"火箭成功地进入了国际发射服务市场。截至 2019 年 5 月，"长征"系列火箭完成了 48 次国际商业发射，发射 56 颗国际商业卫星，并向国际客户提供 17 次搭载发射服务，成为一张闪耀在世界的"国家名片"。

2017 年 12 月 11 日，我国在西昌卫星发射中心用"长征"三号乙运载火箭，成功地将"阿尔及利亚"一号通信卫星发射升空，并进入预定轨道，这次发射任务开创了我国与"一带一路"沿线国家在航天领域合作的成功先例，是国家"一带一路"战略构想在航天领域的具体实践。进入 21 世纪以来，我国已与 30 多个国家和组织签订了 100 多项航天合作协议，如今，长征火箭商业发射服务的客户分布已横贯"一带一路"。

8.2 动力先行——大推力的火箭发动机

载荷能力大的运载火箭需要强大的动力，对于重型运载火箭而言，大推力的火箭发动机更是至关重要，"动力先行"是各国在运载火箭研制中的共识。

20 世纪 60 年代，美国研制了 680 吨级的 F-1 液氧煤油发动机和百吨级的 J-2 液氧液氢发动机，分别用于"阿波罗"登月计划中的"土星"5 号运载火箭第一级和第二级，1969 年 7 月 20 日，成功实现了载人登月的伟大壮举。而同时期，苏联研制了推力 150 吨级的 NK-33 液氧煤油发动机。由于该发动机推力相较于美国的 F-1 液体火箭发动机要小很多，因此用于登月的 N1 运载火箭一级需要采用 30 台发动机。由于发动机台数太多、动力系统过于复杂加上质量控制等原因，导致火箭可靠性降低，造成 N1 火箭 4 次飞行试验全部失败，苏联的整个登月计划以失败而告终。

苏联吸取 N1 运载火箭失败的教训，在 20 世纪七八十年代先后研制成功了推力 740 吨级的 RD-170 液氧煤油发动机，达到了液体火箭发动机技术的顶峰。到了 20 世纪 90 年代，俄罗斯又研制成功了 400 吨级的 RD-180 和 200 吨级的 RD-191 液氧煤油发动机，技术水平遥遥领先于其他国家，并开始出口发动机产品、输出发动机技术，促进了美国、欧洲、印度、日本、韩国液氧煤油发动机的研制并应用于他们研发的运载火箭。

回顾液体火箭发动机与重型运载火箭的发展历程，不难看出大推力液氧煤油发动机和液氧液氢发动机因其具有使用成本低、性能高、环保无污染、推力和混合比可调节，以及可采用故障诊断系统确保宇航员安全等优点，是航天运载火箭最佳的动力组合，可以说大型及重型运载火箭采用大推力的液体火箭发动机是世界航天发展的潮流。

我国航天运载火箭一直坚持以液体火箭发动机为主动力，经过几十年的不懈努力，"长征"系列运载火箭主动力发动机 YF-20 系列已成为我国航天的"金牌"产品。同时，我国还成功研制了 YF-75 等高性能液氧液氢发动机，完成了百余次的卫星发射任务，实现了载人航天和探月飞行的伟大壮举。正是依靠液体火箭发动机动力系统，我国航天取得了举世瞩目的辉煌成就，奠定了世界航天大国的地位。

21 世纪以来，以载人登月为目标，我国相关科研院所、高校开展了登月模式、重型运载火箭及其动力系统方案的论证。考虑我国未来航天发展的需求、技术基础、保障条件、工业体系、动力型谱建设等因素，广泛论证了不同推进剂组合、推力量级等因素，最后确定以 500 吨级液氧煤油发动机和 200 吨级液氧液氢发动机为主方案。

液氧煤油发动机具有密度比冲高、使用成本低、无毒环保等优点，是运载火箭第一级和助推级最佳的动力选择。根据我国重型运载火箭方案论证，大推力液氧煤油发动机海平面推力 4600 千牛，真空推力 5018 千牛，海平面比冲不小于 2980 米/秒。

500 吨级液氧煤油发动机采用补燃循环、分级起动、泵后摇摆，它包括两台推力室、一台燃气发生器、一台涡轮泵、一台流量调节器、两台液氧主阀、两台推力室燃料主阀、一台发生器燃料阀等组件。

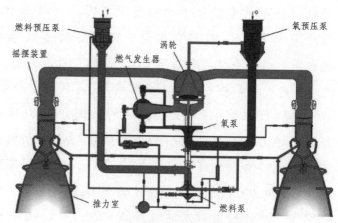

△ 500 吨级液氧煤油发动机系统原理图

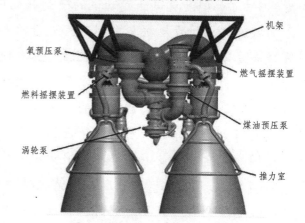

△ 500 吨级液氧煤油发动机结构图

与我国现有液体火箭发动机相比，500 吨级液氧煤油发动机推力大幅度提高，设计、加工和试验的难度增加，加之发动机采用分级起动、泵后摇摆等新技术，需要突破多项关键技术。

大推力液体火箭发动机的起动方式可分为单级起动和分级起动，500 吨级液氧煤油发动机采用化学点火剂点火、分级自身起动，以提高火箭起飞时的可靠性和安全性。

推力矢量控制可采用泵前摇摆和泵后摇摆两种技术，泵后摇摆技术可以有效减轻发动机结构质量、减小发动机摇摆空间、降低伺服力矩，避免质心偏斜。因此，500 吨

　　分级起动是在起动过程中形成一个稳定工况，进行健康检测，如发现故障，及时实施关机。

　　分级起动技术将在继承现有起动过程仿真技术的基础上，进行点火起动方案设计、起动程序设计、起动分系统实物仿真试验，通过发动机整机热试车验证，确保发动机起动过程迅速、平稳，避免出现大的压力峰、温度峰及参数波动。

级液氧煤油发动机采用泵后摇摆方案。泵后摇摆的难点主要在于高温高压燃气摇摆软管，涉及高温、高压、富氧燃气介质、液氧冷却的大通径多层波纹管，以及材料、工艺和试验等问题。研制过程中通过多层波纹管结构力学仿真及成型工艺试验、传热及热防护仿真，进行波纹管承压试验、摇摆试验、疲劳寿命试验及泵后燃气摇摆装置热试验，验证并优化设计和加工工艺，最终突破了此项技术。

推力室是液体火箭发动机将化学能转化为动能的核心装置，工作在高温高压的恶劣环境中，需要重点解决高效稳定燃烧技术和高压大热流推力室冷却技术。为了抑制高频不稳定燃烧，采用隔板、声腔以及组织喷注器能量释放等措施。为了解决推力室冷却问题，采用内壁电镀金属热防护镀层、多条冷却环带、高深宽比螺旋铣槽、喉部无焊缝成型及合理的冷却剂流路设计等技术。

500吨级液氧煤油发动机涡轮泵功率超过100兆瓦，转速达到16 000转/分钟，研制难度主要集中在轴系支撑结构、轴向力平衡、热防护、减振、轴承、密封等方面。为此，分别采用三轴四支点支撑方案、平衡活塞、涡轮局部冷却、燃气通道喷涂抗氧化热防护涂层、高效圆管式泵扩压器、镀膜轴承结构、组合式密封等技术措施加以解决。

液氧液氢发动机比冲高、燃烧性能好、无毒环保，适应于运载火箭的二级、上面级以及长时间高空工作的一级。根据重型运载火箭方案论证，大推力液氧液氢发动机真空推力为2200千牛，真空比冲不小于4240米/秒。

200吨级液氧液氢发动机采用燃气发生器循环、泵前摇摆方案，主要包括推力室、燃气发生器、氢氧涡轮泵、相关气液路控制阀门等组件。

与现役和在研氢氧发动机相比，200吨级液氧液氢发动机性能与结构参数均有大幅度提高，是目前世界上推力最大的高空发动机，发动机的设计、生产和试验技术跨度较大，对安全性和可靠性的要求更高，需要开展一系列关键技术的攻关工作。

200吨级液氧液氢发动机采用火药点火、火药起动器起动，需解决高空点火与起动技术。点火和起动过程是决定发动机可靠工作的关键环节，时序设计不当会出现爆轰、压力峰，甚至导致起动失败等严重后果。

如何在满足各组合件设计指标内，合理分配发动机起动能量，使发动机安全、可靠地点火，平稳、快速地进入额定工况，是发动机研制的关键技术。通过理论分析与仿真计算、真空点火试验以及系统级试验研究，是解决200吨级液氧液氢发动机高空点火与起动的主要手段。

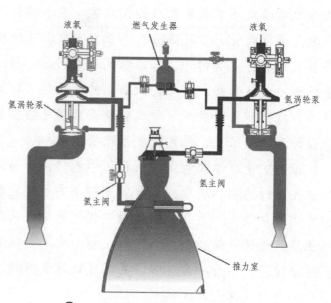

液氧　燃气发生器　液氧

氢涡轮泵　氢涡轮泵

氢主阀　氢主阀

推力室

↑ 200吨级液氧液氢发动机系统原理图

大推力氢氧发动机在结构动力学方面的问题较为突出，必须在确保火箭总体对发动机结构频率和动态刚度要求的同时，保证发动机总体布局合理、结构紧凑、使用维护性好。在充分继承现有经验的基础上，通过理论分析与数字仿真，设置高压液路

氧主阀

氧涡轮泵　氢涡轮泵

燃气发生器　推力室　氢主阀

喷管延伸段

↑ 200吨级液氧液氢发动机结构图

补偿器等措施，确保总体结构方案满足设计要求。

为了保证200吨级液氧液氢发动机燃烧装置在高压、大流量、大热流工况下的高效率和高稳定性，最终采用声腔、隔板和阶梯式喷注器抑制高频不稳定性燃烧，采用推力室身部与喷管上段再生冷却、喷管下段引入燃气冷却和辐射冷却相结合的冷却方案，保证发动机的工作可靠性。

为提高发动机比冲性能，200 吨级液氧液氢发动机采用大面积比喷管，喷管延伸段出口直径大，是目前世界上尺寸最大的氢氧发动机喷管。为提高冷却效率和降低生产加工难度，喷管采用分段设计和制造技术，分为轻质合金再生冷却段和超大尺寸单壁涡轮排气冷却段两部分，具有高效、轻质的特点。

8.3 "长征"九号重型运载火箭

在 2018 年珠海国际航空航天博览会的航天工业展厅里，整齐摆放着我国"长征"系列运载火箭的大比例尺寸模型。与"长征"系列其他运载火箭相比，"长征"九号虽是新生代，但后来居上，堪称这个大家族里的"巨人"，也是这届航展上最受关注的一款运载火箭。

"长征"九号运载火箭是为执行未来载人月球探测、深空探测等任务而研制的，是我国目前在研的运载能力最大的运载火箭。火箭芯级箭体直径 9.5 米（通常称为 10 米级箭体），高度约 100 米左右，起飞总重超过 4000 吨。

"长征"九号运载火箭捆绑 4 个5 米直径的助推器，每个助推器安

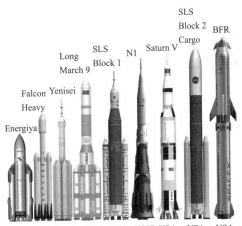

"长征"九号运载火箭与国外重型运载火箭的比较

注：从左到右，依次是俄罗斯的"能源"号运载火箭，美国 SpaceX 公司的"猎鹰"重型运载火箭，俄罗斯的"叶尼塞"重型运载火箭，中国的"长征"九号运载火箭，美国 SLS Block1 载人运载火箭，苏联 N1 运载火箭，美国"土星"5 号运载火箭，美国 SLS Block2 货运型运载火箭，美国 SpaceX 公司的 BFR 重型运载火箭

装2台4800千牛（即500吨级）推力液氧煤油发动机，芯一级安装4台推力4800千牛的液氧煤油发动机，芯二级安装2台真空推力2200千牛（即200吨级）的氢氧发动机，芯三级安装4台真空推力250千牛的氢氧发动机。通过对助推器数量的调整，以及芯一级增加一台4800千牛推力液氧煤油发动机，可以构建近地轨道运载能力50~140吨、奔月转移轨道运载能力15~50吨、奔火星转移轨道运载能力12~44吨的系列化型谱，是现役中国火箭最大运载能力的5倍多。

"长征"九号运载火箭按照模块化、系列化的设计原则开展研制，采用分步验证模式。自2015年起，已开展一系列关键技术攻关工作，集中突破一大批核心瓶颈技术，为工程立项奠定了坚实基础。"长征"九号运载火箭研制成功后，可以满足未来较长时期国内深空探测、载人月球探测等国家重大科技活动的任务需求，并有望在2030年前后实现首飞。

8.4 载人飞向月球

载人登月是一项复杂的系统工程，由运载火箭、登月飞船、发射场、测控通信、航天员、着陆场、应用等七大系统组成。奔月的方案有直接进入、近地对接、环月对接，以及近地与环月轨道交会相结合四种奔月途径。

我国的运载火箭专家龙乐豪院士曾经说过，载人登月"美国是重返，我们是还愿"，即还中华民族"嫦娥奔月"的千年宏愿。所以龙院士认为，登月不是搞竞赛，"即使别国都不干，我们也干"；同时，在具备条件水到渠成的情况下尽快实现载人登月，"我们不争先，但要恐后"，尤其不能落后于日本和印度。

龙乐豪院士结合我国现有运载火箭的能力，以及未来运载火箭发展的潜力，给出了分两步走的策略。

一期工程的目标是 2025 年前后将 2~3 人安全送上月球并返回地面。这一目标可通过"长征"5 号超大型运载火箭，通过人货分运的方式，在近地轨道进行交会对接，再实施奔月飞行，总计需要三次发射、两次在轨对接。

"长征"五号超大型运载火箭芯级直径 5 米，捆绑 6 个 3.35 米的助推器，芯级采用 4 台、每个助推器采用 2 台 YF-100 发动机，芯二级采用 4 台 YF-77 发动机，整流罩直径 5 米，起飞质量约 1600 吨，全箭长约 72 米，近地轨道运载能力约 50 吨。

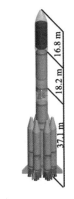

⬆ "长征"五号超大型运载火箭(示意图)

奔月变轨级采取两级液氢液氧（或液氧甲烷）发动机，液氢液氧燃料贮箱直径 5 米，各采用一台 YF-77 发动机，单级重 50 吨，因此需要"长征"5 号超大型运载火箭进行两次发射，在低地球轨道进行对接。

⬆ 奔月变轨级方案(示意图)

登月飞船由登月舱、服务舱、返回舱组成，其中登月舱是唯一着陆月面的部分，它的下降级着陆月面，上升级从月面起飞。而返回舱负责再次返回地球大气层，服务舱负责轨道维持并携带部分设备，提供从奔月至环月轨道的速度增量以及从环月至月地转移轨道的速度增量。

⬆ 登月飞船(示意图)

二期工程目标是要在 21 世纪 30 年代使 4~6 人较长时间停留月面并安全返回，以满足未来建立月球基地和载人登陆火星的需求。采用重型、超大型火箭，近地轨道交会、人货分别运输的技术途径。而重型火箭方案可以采用助推器构型，以便降低发动机和箭体结构研制难度，增强火箭适应性。液体火箭发动机助推器直径 3.35 米，固体助推器直径小于 3.5 米。两种不同助推器火箭的起飞质量与推力分别为 4000 吨和 5000 吨级，其奔月轨道、地球同步转移轨道、地球静止轨道运载能力分别为 52 吨、66 吨和 36 吨。

如果仍采用人货分运的方式实施登月，则可一次性地将两级的奔月火箭级送入低地球轨道，与登月飞船对接，因此发射与对接次数都可以少一次。这种方案从地球到月球只需一次交会对接，其安全性会更好，整个工程的风险也较小。并且"长征"九号重型运载火箭与"长征"五号超大型运载火箭相结合，可以有更加灵活的运力组合方式，将会极大增强我国月球探测、月球开发，以及未来载人登陆火星计划的实施。

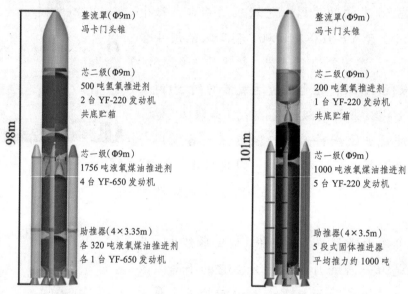

整流罩(Φ9m)
冯卡门头锥

芯二级(Φ9m)
500吨氢氧推进剂
2台YF-220发动机
共底贮箱

芯一级(Φ9m)
1756吨液氧煤油推进剂
4台YF-650发动机

助推器(4×3.35m)
各320吨液氧煤油推进剂
各1台YF-650发动机

98m

整流罩(Φ9m)
冯卡门头锥

芯二级(Φ9m)
200吨氢氧推进剂
1台YF-220发动机
共底贮箱

芯一级(Φ9m)
1000吨液氧煤油推进剂
5台YF-220发动机

助推器(4×3.5m)
5段式固体推进器
平均推力约1000吨

101m

🔼 龙乐豪院士早在2010年提出的分别采用液体火箭发动机(左图)和固体火箭发动机(右图)作为助推器的重型运载火箭方案,后经论证"长征"九号运载火箭采用的液氧煤油发动机助推器升级为500吨级推力,直径达5米

9.1 并不友好的"天外来客"

2018 年 6 月 27 日中午，贵州省福泉市仙桥乡，有一个物体突然从天而降，坠落在当地的山坡上，并引发爆炸，整个过程被当地村民和游客拍下。

据悉，2018 年 6 月 27 日 11 时 30 分，我国在西昌卫星发射中心用"长征"二号丙运载火箭，成功将新技术试验双星发射升空，卫星进入预定轨道。为确保火箭残骸安全降落，有关部门已提前部署，对落区群众进行了安全疏散。因此火箭一级残骸按预期坠落，未造成人员伤亡和重大财产损失，这种事情尽管不常见，但还是会发生。

2007 年 10 月 25 日，搭载"嫦娥"一号卫星的"长征"三号甲运载火箭一级残骸，曾砸坏贵州福泉当地一间民房。

2008 年 6 月 10 日，湖南省绥宁县黄土矿乡唐家村一房屋被火箭残骸损坏。

2010 年 6 月 4 日上午 9 时许，搭载第四颗"北斗"导航卫星的"长征"三号丙一级火箭残骸坠落贵州省黔东南州镇远县一深谷。

2010 年 9 月 5 日，有火箭助推器残骸坠落在贵州省镇远县羊场镇境内。

2011 年 4 月 10 日凌晨，中国

🔊 火箭残骸坠落在山区

第8颗北斗导航卫星物理残骸外壳掉落在广西田林县境内。

2011年10月7日16时21分，中国在西昌卫星发射中心用"长征"三号乙运载火箭，成功将法国制造的W3C通信卫星送入预定轨道。后来在湖南省绥宁县一村民家门口发现坠落的火箭残骸金属架。

2012年5月27日凌晨，在湖南绥宁县发现"长征"三号乙运载火箭一级残骸，其砸坏了民宅和打断了10千伏高压线路。

2013年12月2日凌晨，搭载"嫦娥"三号的"长征"三号乙运载火箭发射升空，此后一级火箭残骸坠落在湖南省绥宁县，该县两户村民房屋被砸。……

这里是阿尔泰，位于中国、俄罗斯、哈萨克斯坦和蒙古四国的交界处，经常有来自拜科努尔航天发射场发射的运载火箭残骸坠落地面

运载火箭残骸坠落地面的问题在许多航天国家都存在，特别是地处内陆的航天发射场发射的火箭，经常会对某一地区范围内居民的生活、工作与生产造成威胁。

坠落地面的火箭残骸主要是火箭的助推器以及一级火箭，这两个部件都重达数吨，它们完成使命后，先后从数万米的高空坠落地面，其威力不亚于一个重磅炸弹。精确的落点是很难预测的，所以落区涉及面广，点多线长，残骸扩散范围大。因此，前期的各项准备工作必须充分、到位。

🔈 略带魔幻色彩画风的庞然大物,其实是坠落在地面的俄罗斯火箭残骸(这幅照片获得了2006年的马格南摄影奖)

　　一次性使用的运载火箭,不仅造成发射成本高昂,而且还给落区人民的生命与财产安全带来了一定程度的威胁,因此要告别这些并不友好的"天外来客",发展可重复使用的航天运载技术成为人类航天的不二之选。

9.2 可重复使用——低成本之道

　　航天技术的成就给人类带来了极大的利益,但是每一次的发射费用非常高昂,这在一定程度上阻碍了人类航天活动的快速发展。降低发射费用,降低进

🔈 英国 HOTOL 计划中的航天运载飞行器(概念设计图)

入太空的成本一直是人们的期望。

针对一次性使用的运载火箭所存在的诸多问题，20 世纪 70 年代世界航天领域开始陆续提出了多个研制重复使用航天运载器（Reusable Launch Vehicle，简称 RLV）的计划，其目的主要是通过重复使用技术来降低发射费用，如德国的"桑格尔"计划、英国的空天飞机计划（HOTOL）等。

20 世纪 80 年代美国成功研制航天飞机，美国航天飞机在技术上虽然获得了非常重大的突破，但航天飞机的实际使用结果却与预期的正好相反，在经济运营上没有达到预期目标。

航天飞机单位有效载荷重量的发射价格反而超过一次性常规使用的运载火箭。其主要问题是航天飞机使用了大量的新技术，导致发射操作过于复杂、防热结构和助推器没有达到预期的重复使用率，以及载人载货混合等一系列问题，结果使得发射费用大幅上升。

美国在吸取研制航天飞机教训的基础上，试图用单级入轨方式的重复使用的运载器来解决航天飞机存在的问题。他们认为，单级入轨的重复使用的运载器操作可以像飞机一样简单，自由起飞降落，这就

🔼 德国"桑格尔"计划的可重复使用的航天运载器

🔼 美国"发现"号航天飞机从肯尼迪航天发射中心发射升空

是美国国家空天飞机计划（NASP）的美好愿景。

随着航天活动的开展，人们不仅希望能利用火箭把卫星、飞船等有效载荷送入太空，而且希望能将其某些关键设备、关键部件、实验结果从太空返回到地面。航天飞机的问世给了人们重复使用运载火箭的启发，运载火箭技术的发展也使得研制重复使用的运载火箭成为可能，商业发射服务的低成本要求也使得重复使用运载火箭的需要越来越迫切。因此，当前世界各主要航天国家都积极地投入到重复使用运载火箭的研究和验证工作中。

除了航天飞机外，目前所有的航天运载器都是以运载火箭为代表的一次性使用的运载器，若运载火箭能像飞机一样实现可重复使用，通过突破可重复使用的关键技术，势必会降低火箭发射的成本。因此，运载火箭的可重复使用

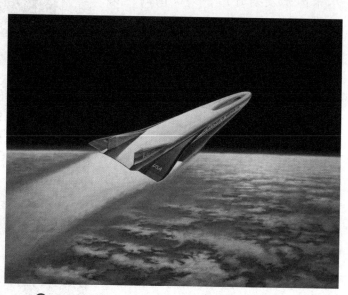

🔊 美国空天飞机计划中的X-30单级入轨可重复使用空天飞机

技术目前成为国际航天工程中重点研究的方向之一。美国基斯特勒宇航公司（Kistler）的K-1、美国太空探索技术公司（SpaceX）的"猎鹰"9号火箭，先后开始研制基于多级入轨的完全可重复使用运载火箭。

可重复使用运载火箭是航天运载技术发展的重要方向。经过半个多世纪的发展，运载火箭的运载能力、功能特点、技术途径、成本效益、研发模式等已完成了多次跃升与革新，经历了由进入空间向天地往返、由高污染向无污染、由高成本向低成本、由一次性使用向可重复使用、由政府研发向企业研发的转变。

虽然传统的一次性运载火箭在功能性、安全性和可靠性等方面基本能满足目前航天发射任务的需求，但随着航天运输领域的要求日益复杂、

市场竞争日益激烈、太空探索任务的拓展以及商业发射任务的剧增，对发射成本、发射周期、机动性、可靠性及运载能力都提出了新的要求，发展响应速度更快、成本更低、更安全可靠的可重复使用的运载器成为必然选择。

与一次性运载火箭相比，可重复使用运载器的技术难度要大得多，涉及气动、热防护、动力和导航制导与控制等方面的关键技术，且成本很高。例如美国国家空天飞机计划因吸气式动力技术难以克服，最终在研制八年、消耗数十亿经费的情况下中止。几十年来，世界各国的可重复使用航天运载器的项目多达上百个，发展道路跌宕起伏。随着技术的发展，各国更加认识到，发展目标和总体方案必须与关键技术的发展水平相适应。目标制订得过高、技术指标过于先进就会增加关键技术的难度，并且直接影响目标的可实现性，增加了研制风险。

市场需求和技术创新共同驱动着可重复使用运载火箭技术的发展。快速响应、宽适应性、经济性是航天运载系统追求的主要目标。运载火箭技术经过几十年的发展，逐渐成熟并趋向于产业化发展，航天动力、电子元器件、新材料、先进制造工艺等多个领域均获得了突破，技术创新使运载火箭能够像飞机返回发射场（航天港）一样往返于地面与空间，并使在加注燃料和简单维护后再次发射成为可能。

另外，为构建和维持体系化稳定运行的航天系统，需要降低进入空间的成本，将一次性火箭发射单位载荷价格由目前的 6000 美元/千克降到 2000 美元/千克以下，将会以"轨道革命"的形式促进发射需求呈指数级增长。而这种大幅度降低入轨价格的运载器是传统一次性运载火箭无法做到的，必须采用可重复使用技术。因此，在可预见的未来，可重复使用航天运载器的技术是由航天技术创新的内在要求、用户与市场的外部需求共同驱动下发展的。

9.3 不太成功的尝试——航天飞机

从20世纪70年代末到21世纪初，航天飞机可以说是美国航天高科技的代表，当苏联/俄罗斯的飞行员仍然在以近乎抛物落体的方式返回地球的时候，美国的宇航员却已经可以潇潇洒洒地像坐飞机一样降落在机场。

航天飞机是一种有人驾驶、可重复使用的、往返于太空和地面之间的航天器。它既能像运载火箭那样把人造卫星等航天器送入太空，也能像载人飞船那样在轨道上运行，

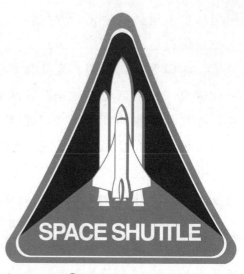

⬆ 美国航天飞机的标志

还能像滑翔机那样在大气层中滑翔，最终还可以像飞机一样在跑道上着陆。航天飞机为人类自由进出太空提供了很好的便利，是航天史上的一个重要里程碑。航天飞机是一种为穿越大气层和太空的界线（高度100千米的卡门线）而设计的火箭动力飞机，结合了飞机与航天器的性质，像是一个有翅膀的航天器。

迄今只有美国与苏联曾经制造过能进入近地轨道的航天飞机，且成功发射并回收，而美国是唯一曾以航天飞机成功进行过载人太空飞行任务的国家。

外部燃料贮箱

固体助推器

固体助推器

轨道器

⬆ 美国航天飞机的组成部分

1981年4月12日，美国航天飞机搭载两名宇航员进行了首次试飞，绕地球两天后顺利返回地面

1969年4月，美国国家航空航天局提出建造一种可重复使用的航天运载工具的计划。1972年1月，美国正式把研制航天飞机空间运输系统列入计划，确定了航天飞机的设计方案，即由可回收重复使用的固体火箭助推器，不可回收的外挂燃料贮箱和可多次使用的轨道器三个部分组成。

经过5年时间，于1977年2月研制出一架"企业"号航天飞机轨道器。1977年6月18日，首次载人航天飞机在飞机背上进行了天空试飞，参加试飞的宇

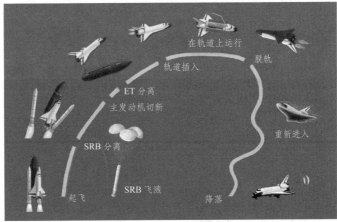

在轨道上运行

脱轨

轨道插入

ET 分离
主发动机切断

重新进入

SRB 分离

起飞　　SRB 飞溅　　降落

航天飞机飞行全过程

美国航天飞机在轨运行(示意图,图中打开的货舱中装载的是一个太空实验室,可开展多种空间环境下的科学实验研究)

航员是海斯和富勒顿两人。同年 8 月 12 日，载人的飞行试验圆满完成。1981 年 4 月 12 日，第一架载人航天飞机终于发射升空，出现在太空的舞台上，这是航天技术发展史上的又一个里程碑。

美国"哥伦比亚"号是航天飞机中的"明星"。总长约 56 米，翼展约 24 米，起飞重量约 2040 吨，起飞总推力达 2800 吨，自重 68 吨，能装运 36 吨重的货物。它的核心部分轨道器长 37.2 米。每次飞行最多可载 8 名宇航员，飞行时间 7~30 天，轨道器设计可重复使用次数为 100 次。"哥伦比亚"号是第一架进入太空的航天飞机，但不幸的是在 2003 年 2 月 1 日，在其执行第 28 次飞行任务返回途中解体，导致 7 名宇航员遇难。

除了用于研制试验的"企业"号航天飞机外，美国建造了用于实际太空飞行的 5 架航天飞机，它们分别是"哥伦比亚"号、"挑战者"号、"发现"号、"亚特兰蒂斯"号以及"奋进"号。"挑战者"号于 1986 年 1 月 28 日在发射时失事，造成 7 名宇航员遇难。加上"哥伦比亚"号，5 架航天飞机损失了 2 架，2011 年 7 月 8 日，"亚特兰蒂斯"号航天飞机发射升空执行了最后一次太空飞行任务，之后正式宣告美国航天飞机退出了历史舞台。

⬆ 2011 年 7 月 21 日，美国"亚特兰蒂斯"号航天飞机降落在肯尼迪航天中心，航天飞机时代宣告结束

9.4 多样的可重复使用技术

在航天运载器领域，可重复使用技术是多种多样的，典型的分类方式主要有三种：第一，按系统的级数分类，包括多级入轨重复使用运载器和单级入轨重复使用运载器；第二，按起降方式分类，包括垂直起飞水平着陆重复使用运载器、垂直起降重复使用运载器和水平起降重复使用运载器；第三，按所采用的动力形式分类，包括火箭动力重复使用运载器和组合动力重复使用运载器。

我国运载火箭专家龙乐豪院士指出，世界各航天大国的重复使用航天运输系统，主要按照传统运载火箭构型重复使用火箭、升力式火箭动力重复使用运载器及组合动力重复使用运载器这三条技术路径开展研究。

传统运载火箭构型重复使用火箭

国外发展最为成功的是美国SpaceX公司的"猎鹰"9号运载火箭。自2011年开始，SpaceX公司开始发展运载火箭垂直回收与重复使用技术，已经成功实现了火箭一子级回收，以及再次发射重复使用。"猎鹰"9号运载火箭其一子级采用了9台Merlin-1D液氧煤油发动机，以实现垂直返回。运载火箭一子级的长度为48米，不包含着陆支撑装置的结构系数为4.5%，运载火箭二

🔾 2018年5月11日，美国SpaceX公司的"猎鹰"9号运载火箭在肯尼迪航天中心发射升空

子级长度为22米，结构系数为6%。SpaceX公司通过"猎鹰"9号运载火箭的多次回收试验的探索，验证了垂直起降相关关键技术，同时利用回收火箭再次进行发射，进一步降低了发射成本，在国际商业发射市场上获得了很好的应用前景。

升力式火箭动力重复使用运载器

2003年，美国出台"空军转型飞行计划"，明确提出发展军用空天飞机（MSP）系统，其中亚轨道空间运输飞行器（SOV）与空间机动飞行器（SMV）是其重要的组成部分。

美国国防高级研究计划局(Defense Advanced Research Projects Agency，简称DARPA）于2013年提出试验性太空飞行器(XS-1)项目。XS-1是美国空军军用空天飞机系统的亚轨道运输飞行器技术验证机，旨在验证快速响应、廉价进入空间的相关核心技术。其主要技术指标包括：10天10次飞行、最大飞行速度Ma10（即10倍的声速）；单次任务成本500万美元；拟构建多任务载荷密集发射能力。2017年5月24日，DARPA宣布选定波

👆 美国SpaceX公司的"猎鹰"9号运载火箭的第一级成功实现垂直着陆

👆 美国波音公司的XS-1太空飞行器（概念设计图）

音公司作为主承包商。目前，该项目处于第二阶段，计划在 2019 年完成技术验证机研制、地面试验，第三阶段拟在 2020 年完成 12~15 次飞行试验。

X-37B 是美国空军军用空天飞机系统的空间机动飞行器（SMV）技术验证机，可往返于空间与地面，无

⬆ X-37B 在美国范登堡空军基地进行试飞

人驾驶、可重复使用，能够自主离轨再入、水平着陆于机场跑道并自主滑停。X-37B 飞行器长约 8.9 米，翼展约 4.57 米，上行有效载荷为 227~454 千克。截至 2018 年，X-37B 已完成 4 次飞行试验，最长在轨时间 717 天。

组合动力重复使用运载器

国外针对组合动力重复使用运载器开展了多种方案研究，包括国家空天飞机、X-43A、X-51A、SR-72、"云霄塔"等。

美国国家空天飞机计划（NASP）是一项以研制 X-30 验证机为目标的组合动力单级入轨飞行器发展计划。由于当时的试验手段、冲压发动机技术等尚不成熟，1995 年，历时 9 年的 NASP 计划被迫终止。

其发动机主要有 4 个工作模态：Ma0~3，以由火箭+涡轮发动机组合而成的低速系统工作；Ma3~6，以亚燃冲压模态工作；Ma6~8，以超燃冲压模态工作；Ma8 以上，以火箭发动机工作。

NASP 计划终止后，为弥补超燃冲压发动机技术短板，美国相继开展了 X-43A、X-51A 等计划，分别实现了 Ma7~10 氢燃料、Ma5.1 碳氢燃料超燃冲压发动机的有动力飞行，之后确定了高超声速导弹、高超声速飞机、空天飞行器三步走

⬆ 美国国家空天飞机计划中的 X-30 试验飞行器在风洞中进行试验

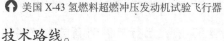

🔼 美国 X-43 氢燃料超燃冲压发动机试验飞行器　🔼 美国 X-51A 碳氢燃料超燃冲压发动机试验飞行器

技术路线。

2013 年，洛克希德·马丁空间系统公司开始 SR-72 高超声速飞机研究。SR-72 是一种以涡轮基组合循环发动机（TBCC）为动力、设计巡航速度 Ma6、飞行高度 30 千米内的高超声速飞行器，可以在短时间内快速抵达全球任意空域，执行情报、监视、侦察和打击任务。SR-72 的缩比尺寸验证机于 2018 年开始工程研制，而 SR-72 高超声速飞行器有望在 2030 年服役。

"云霄塔"是英国喷气发动机有限公司于 1994 年提出的一种水平起降、单级入轨空天飞行器，目前已取得预冷器技术突破，证明发动机原理可行。"云霄塔"飞行器机体长约 85 米，翼展约 25 米，对称安装 2 台 "佩刀" 发动机（SABRE），起飞质量为 325 吨，低地球轨道运载能力为 15 吨。

2015 年 4 月，美国空军研究实验室确认了 "佩刀" 发动机的技术可行性，但同时认为，基于 "佩刀" 发动机的 "云霄塔" 水平起降单级入轨飞行器在短期内仍存在较大技术风险，宜作为更远期的发展目标。因此，美国空军研究实验室与美国

🔼 美国洛克希德·马丁公司正在研制的高超声速飞行器

SEI 公司（Safety Equipment Institute Inc）合作，开始着手研究两级入轨等风险更低、周期更短的"佩刀"发动机应用方案。2016 年 9 月，美国空军研究实验室在美国航空航天学会会议上公布了基于"佩刀"发动机的两级入轨应用方案，该方案

↑ 英国"云霄塔"空天飞机进行卫星发射的（概念设想图）

提出将"佩刀"发动机应用于两级入轨的第一级，降低了"佩刀"发动机的使用要求，由单级入轨转到两级入轨更有利于实现工程应用。

运载火箭技术发展到今天，可谓是日趋成熟，一次性使用的运载火箭虽然已能够完成目前常规的发射任务，但如何降低发射成本，提高发射的灵活性，将是今后航天运载技术发展的重要方向。

与一次性使用的运载火箭相比，研制可重复使用的航天运载器无疑是降低成本的必由之路。美国的航天飞机是人类航天历史上一次了不起的尝试，虽然由于种种原因导致这种类型的航天运载器已结束了它的历史使命，但其在技术上的突破与积累，对于人类今后探索新的可重复使用航天运载器技术，仍是功不可没的。

对于传统的多级运载火箭如何实现可重复使用，在 SpaceX 公司之前，不是没有被考虑过，世界各国航天领域的专家学者都曾提出过很多种方案，比如降落伞回收、气囊缓冲着陆、展开机翼飞回等等。随着控制技术的发展，SpaceX 公司的创始人马斯克大胆地采用了垂直定点降落回收的方案，虽然在技术验证试验的过程中，几经挫折，数次失败，但最终得以实现，令世界航天界为之赞叹。

多级运载火箭的第一级及助推器的回收可重复使用，才是可重复使用航天运载器刚刚迈出的一步，未来随着航天动力方式的突破，各种类型的组合动力发动机的研制成功，可重复使用航天运载器还将呈现出缤纷多彩的美好前景。

或许在不久的将来，国际大都市的航空港将升级为航天港，从这里登机进行一趟太空旅行，去月球、火星做一次远足，也不是遥不可及的梦想。

第10章
向火星——马斯克的 BFR 超级重型火箭

>>>

10.1 硅谷钢铁侠的传奇

近年来，埃隆·马斯克（Elon Musk）的名字经常出现在各种形式的媒体报道中，逐渐被普通大众所熟悉。对于广大科技发烧友尤其是航天爱好者来说，埃隆·马斯克的名字如"神"一样地存在着，他的传记《硅谷钢铁侠：埃隆·马斯克的冒险人生》，曾长期位居历史文化这一板块图书的前五名，更平添了几分让人们将其作为偶像崇拜的色彩。

对于普通大众来说，认识马斯克或许是通过特斯拉新能源电动汽车，而对于航天爱好者来说，提到马斯克，更多想到的是"私人火箭公司""回收火箭""移民火星"这些令人激动与兴奋不已的概念。

是的，埃隆·马斯克最了不起的惊人之举，就是其创办的从事太空技术研发与太空运输的美国太空探索技术公司（SpaceX），这是世界上首家成功发射太空飞船并顺利回收火箭的私人商业航天公司。

与许多美国传奇人物一样，马斯克有着非同寻常的成长历程。1971 年，埃隆·马斯克出生在南非，从小受到典型的西方教育。1981 年，年仅 10 岁的他接触到计算机就开始自学编程，12 岁那年，他自己设计开发的一款太空游戏软件被一个杂志社以 500 美元的价格购买了，这是他人生赚到的第一桶金。

1988 年埃隆·马斯克移居加拿大，1990 年申请进入安大略省的皇后大学，

美国 SpaceX 公司创始人埃隆·马斯克

1992年转入美国宾夕法尼亚大学沃顿商学院攻读经济学，大学期间他还深入关注互联网、新能源、太空科技这三个人类未来发展的新领域，因此他在拿到经济学学士学位后，又用了一年的时间，拿到了物理学的本科学位。1995年，在斯坦福大学攻读硕士学位的他，刚刚入学才两天，就被当时席卷而来的互联网大潮吸引选择了退学创业。

埃隆·马斯克先是和弟弟联合创办了在线内容出版软件公司Zip2，1999年，Zip2被美国康柏公司以3.07亿美元现金和3400万美元股票期权的价格收购。

马斯克随后转战移动互联网，成立了在线金融支付以及电邮支付公司。2000年，公司与另一家公司合并，杀入在线支付领域，最终创立公司PayPal，也就是我们常用的支付宝的鼻祖。2002年，又被当时全球最大的网络电商公司以15亿美元收购，埃隆·马斯克作为最大的股东，因此分得1.65亿美元。经历过这样的两轮创业，马斯克赚得了大把大把的金钱。

在完成了财富的原始积累之后，埃隆·马斯克在他一直关注的太空领域开始实践自己的梦想，美国太空探索技术公司——SpaceX随之诞生。

造火箭不是一天两天的事情，投资巨大，但短期内很难有回报。2004年，SpaceX正在技术攻坚的同时，埃隆·马斯克投资并担任特斯拉（Tesla）公司的董事长，开始主导发展电动汽车。他坚信电动汽车是汽车行业的未来，和造火箭相比，造汽车毕竟要容易和简单很多。特斯拉的电动汽车很快投入市场，获得了很好的资金回报。

2006年，SpaceX公司终于造出火箭，试射了3次皆遭遇失败。媒体和公众几乎都异口同声地唱衰马斯克的火箭项目。"钢铁侠"埃隆·马斯克也很痛苦，曾坦言自己那个时候"睡着觉也在哭"。

2008年下半年，一切开始好转。SpaceX的第4次发射取得了成功，SpaceX成为继美国、俄罗斯、中国之后的第一个可以发射和回收航天飞行器的组织。

埃隆·马斯克成功的因素很多，但最根本的是他那不受禁锢的思维方式，这是创新的根源。航天技术向来是大国意志的体现，是国家引领下的战略行为，从来没有人想过可以以商业化的方式来进行太空探索，研发新的航天技术。从这个意义上来讲，他推动了整个人类社会的进步。

有人说只有用"疯狂"两个字才能形容马斯克。凭借着兴趣和感觉就冲进一个陌生行业，困难是难以想象的，但这才是真正驱动梦想的力量。所以，这一点正是马斯克的伟大之处。

有胆量而没有知识，不能称为有胆识，充其量只能算是莽夫，不可能取得真正的成功。马斯克的成功也离不开他的勤奋和跨学科的学习能力。

埃隆·马斯克曾被问道，火箭是如此高精尖的技术，你是如何自学成才的。马斯克的回答很简单，"就是读很多书"。他能在三个领域大展身手，并做到世界的顶尖水平，这与他大量的阅读、思考与研究是分不开的。

马斯克的阅读范围很广，青少年时期读了很多科幻、哲学、宗教、编程、科学家工程师和企业家的传记等方面的书。上大学后扩展到物理、工程学、产品设计、商业、科技和能源等领域。这种广泛阅读让他可以接触到很多学科的专业知识，大部分都是课本里学不到的。他从来不将自己局限在某一个专业领域里面。

马斯克的阅读习惯和思维模式也是很独特的，他的原则是"First principle thinking"，就是从事物最基本的原理为出发点来进行推导的思维方式。他非常重视基本原理的掌握，常常通过大量的阅读来确定基本原理，这好似知识的树干，再将重要的细节像叶子一样挂上去，这样就形成了自己知识的体系和支撑力。马斯克曾说过"人们总是有自我的局限，这个局限是你有多大的意愿和能力去学习，读书就是很好的教育，是冲破这个局限的很好的方法。"

埃隆·马斯克恐怕是这个世界上最忙碌的男人之一了，他同时管理着多家公司，还有自己的5个孩子。他将绝大多数时间花在了最大的两家公司特斯拉和SpaceX上。同时，他还是一个不错的父亲。如何把这些公司和5个孩子安排地井井有条，马斯克自有一套。马斯克以5分钟为单位安排时间，形成一系列的5分钟任务体系，这样让他基本上不浪费时间，一周能保持至少100小时的工作时间。多任务并行，也是马斯克工作的独特之处。工作日，他要不断在SpaceX公司和特斯拉公司之间切换工作。周末则和家人在一起，陪伴5个孩子。

埃隆·马斯克的工作与生活看上去是如此的"疯狂""变态"，但事实上，他活得比我们都要努力和投入，是一个真正的"追梦人"。

10.2 创立 SpaceX

美国太空探索技术公司，通常我们称之为 SpaceX 公司，是一家专门从事航天技术研发、航天器制造和太空运输服务的公司。SpaceX 公司由特斯拉 CEO、前 PayPal 企业家埃隆·马斯克于 2002 年创办，目标是研发降低太空运输成本的火箭技术，并最终使殖民火星成为可能。

NASA 于 2006 年给予了 SpaceX 商业轨道运输服务的合约，在该合约下，SpaceX 将设计并演示一个可以执行国际空间站补给任务的发射系统。NASA 在 2011 年与 SpaceX 签订了一份研发合同，在 NASA 的商业载人开发项目下研发和演示一个经过载人评估的"龙"飞船，用以向国际空间站运送宇航员。

2011 年，SpaceX 开始了它的可重复使用火箭技术的研发项目，就是将火箭的第一级通过垂直着陆的方式加以回收，当然这对于整个火箭来说还只是部分的可重复使用。

2015 年 12 月，SpaceX 成功使火箭的第一级返回到了发射场附近的一个着陆区，并进行了垂直有动力的着陆，这是用于入轨发射的火箭中的首次成功尝试。在 2016 年 4 月 8 日的发射任务中，SpaceX 成功在海上的无人着陆平台上让火箭第一级垂直降落，并同时将一艘"龙"飞船送入低地球轨道。2016 年 5 月 6 日，SpaceX 首次成功回收了执行地球同步转移轨道发射任务的火箭第一级。2018 年 2 月，"猎鹰"重型运载火箭将一辆特斯拉跑车送入太空，标志着"猎鹰"系列运载能力已经达到世界顶级水平。

SpaceX 公司在不到 20 年的时间里取得的成就是非常辉煌的：

2008 年，设计、制造并发射了世界首个由私人投资的用于轨道卫星发射的液体燃料火箭"猎鹰"1号；

2010年，作为一家私营公司首次成功将飞船送入低地球轨道并顺利回收；

2012年，作为一家私营公司首次成功将飞船送至国际空间站；

2013年，SpaceX首次进行了地球同步转移轨道的发射；

2015年，SpaceX将"深空气候观测天文台"发射至地球轨道之外，其研制的火箭达到了脱离地球引力的第二宇宙速度。

SpaceX公司研发了"猎鹰"1号、"猎鹰"9号以及"猎鹰"重型运载火箭。这三个型号的火箭与为国际空间站补给货物的"龙"飞船的设计都秉持可重复使用的理念，而载人版的"龙"飞船也正在开发当中。

2016年9月，SpaceX的CEO埃隆·马斯克展示了行星际运输系统，包括火箭、飞船、补给船以及行星际运输系统的任务架构。行星际运输系统的目标是研发太空飞行技术以用于行星际太空飞行，并协助在火星上创建人类的定居点。

🚀 "猎鹰"9号运载火箭的第一级返回地面自主着陆

 # 10.3 马斯克的终极梦想

马斯克是个不折不扣的梦想家，也是个勇于实践、敢于创新的追梦人。

2018年2月7日这一天，必将载入人类航天的史册。这天早上，埃隆·马斯克与他的SpaceX公司成功将"猎鹰"重型运载火箭发射升空，其近地轨道有效载荷63.8吨，达到了当今世界上最先进的运载火箭水平。要知道我国目前最先进的"长征"五号近地轨道有效载荷为25吨，还达不到"猎鹰"重型火箭一半的运载能力。

更令人惊叹的是,"猎鹰"重型火箭还实现了可重复回收利用,这也是具有历史开创性的。与通常采用爆炸螺栓分离的方式不同,其助推器分离和一、二

🔊 埃隆·马斯克与他雄心勃勃的火星计划

级分离均采用"无损式冷分离"技术,这样确保了可回收部分是完整无损的,下次还可以继续使用。这项技术大大降低了太空探索的成本,为以后商业太空旅行、火星移民等一些激动人心的计划提供了可能。

Space X 这家私人公司,在短短十几年的时间里,它的成就、科技和经济实力远远超过当今世界上一些国家。不难看出,SpaceX 的起点是马斯克对于梦想的坚持,他的力量来自于美国完善的创业环境,他的基础是永不放弃的勤奋。马斯克是一个真正有梦想的人,他的成长之路很清楚地体现了这一点。

在这次"猎鹰"重型火箭发射中,马斯克的一辆樱桃红色特斯拉跑车,跟随火箭一起被送入了飞向火星的轨道;车内坐着一位"星侠"模型,有三台摄像机会以"星侠"的视角不断拍摄来自太空的美景;车里循环播放着英国摇滚歌手大卫·鲍伊的名作《太空怪客》;特斯拉车内的屏幕上显示着"不要恐慌"(Don't Panic),车内还有一

🔊 "猎鹰"重型运载火箭将特斯拉跑车送入太空,在地球的背景下,它正驶向遥远的火星

条毛巾和一本《银河系漫游指南》；而特斯拉汽车的电路板上写着"地球人制造"（Made on Earth by Humans）。马斯克说："这应该会提供非常不错的风景"，"这辆车可以在太空运行十亿年"。

坐在特斯拉跑车里的模型"星侠"正在太空中驰骋

广袤无垠的太空，一辆孤独的红色跑车和车里端坐着的"星侠"，太空风格的音乐与书籍、生活用品以及漫长而无限的时间，没有梦想的人怎么能做出这样的创意和设计呢！正因为有梦想，马斯克才会在有限的时间内，始终保持创新的理念，保持特立独行的姿态和思想，不断尝试新事物，不断挑战自我，不断在新领域开疆扩土，不断取得令世人惊叹的成就。

马斯克还梦想着为人类寻找一个新的家园——火星，这样就可以在地球出现问题后迅速移民，延续人类的文明。《纽约时报》将马斯克称为"可能是世界上最成功、最重要的企业家"，不管"移民火星"的梦想最终是失败还是成功，其坚持梦想的精神，敢于为梦想而拼命努力的坚持，永远是人类宝贵的精神财富。

"猎鹰"重型火箭的成功首飞，是马斯克和他的SpaceX团队默默耕耘数年之久的成果，马斯克之所以能让安装有27个"梅林"发动机的"猎鹰"重型火箭顺利升空，打破了之前所有人对这一结构稳定性的强烈担忧，就是因为他的团队过去10多年来都在努力做好一件事：不断完善"梅林"这款火箭发动机，以及围绕该发动机而打造的核心产品——"猎鹰"9号运载火箭，并随着技术的成熟而不断降低成本。离开勤奋努力，离开矢志不渝的坚持，这一切永远是不可能实现的。

10.4 BFR 超级重型火箭

"猎鹰"重型运载火箭发射成功，成为目前现役的世界上运载能力最强的火箭。不得不说，马斯克已经开启了人类"太空大航海时代"。

"猎鹰"重型运载火箭并非马斯克设想的终极火箭。早在"猎鹰"重型首飞前的 2017 年，马斯克就对外宣布要研制一款更大的火箭，名为 Big Falcon Rocket，简称 BFR。这款"大猎鹰"运载火箭同时也是火箭与飞船的组合，最终它将取代"猎鹰"重型、"猎鹰"9 号以及"龙"飞船，同时也是马斯克移民火星计划中重要的组成部分。

🔺 BFR 超级运载火箭的登机塔（艺术设想图）

与高约 70 米的"猎鹰"重型运载火箭相比，未来 BFR 火箭的高度将超过 115 米。BFR 发射时由 31 台"猛禽"发动机提供动力，可产生 5400 吨的推力。这个 BFR 由助推器

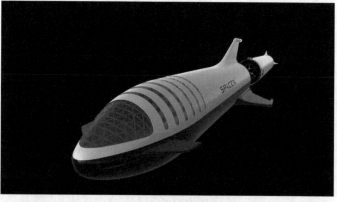

🔺 载人星际飞船"星舰"与助推器分离（艺术设想图）

和顶部的飞船组成，飞船的长度将超过 45 米，宽度超过 9 米，载人舱有八层楼高，里面可容纳 100 名乘客。BFR 的助推器和飞船都是可重复使用的，飞船的尾部有三个"鳍"，既是飞行中的气动稳定面，同时也是用于垂直着陆的支架。

BFR 是为前往火星和更远的太空旅行而设计的。根据马斯克的说法，这艘飞船可以将 100 名乘客运送到这颗红色星球上。SpaceX 还表示，这枚火箭可以在 30 分钟内将乘客从纽约送到地球另一端，价格相当于头等舱机票。这项商业计划也将帮助 SpaceX 筹集到足够支持其火星计划的资金。

对于登陆月球，SpaceX 的计算结果表明，BFR 自身的燃料足够前往月球表面再返回地球。但对于火星飞行，还需要一艘太空加油船，为载人飞船进行燃料补给。即使增加一艘太空加油船，BFR 飞船的燃料仍是不足以返回地球的，因此需要在火星表面生产燃料才能返回，好在火星上有二氧化碳和水，在太阳能作用下，通过一定的设备，可以生产出甲烷和氧气。

10.5 奔向火星之路

火星是除金星之外离地球最近的行星，由于运行轨道的变化，迄今已知两者最为亲密的一次接触发生在 2003 年，当时两者间相距约为 5600 万千米。夜间天空中的火星荧荧如火，亮度常变，令人迷惑，所以中国古代称火星为"荧惑"。而在古罗马神话中，它被想象为身披盔甲、浑身是血的战神"玛尔斯"（Mars），这也是火星英文名字的由来。

火星半径约为地球的 53%，体积约为地球的 15%，质量约为地球的 11%，表面重力约为地球的 38%。火星上有稀薄的大气，95%是二氧化碳，还有 3%的氮，大气密度约为地球大气的 1%。火星每 24.63 小时自转一圈，并在一条椭圆轨道上以 25.2 度的倾斜角绕太阳公转，周期为 687 天，因而与地球一样，四季分明，冬季最低温度为 -125℃，夏季最高温度 22℃，平均气温 -63℃。虽然在火星上还看不到液态水，但迄今探测发现的大量水流痕迹，至少说明火星上曾经有过滔滔大河，而且科学家们也发现火星两极有大量的冰存在。

此外，火星上的绿黏土和火山灰，有利于植物生长；火星大气中有足够的二氧化碳气体，可提高植物光合作用的效能，使农作物获得比地球上更大的丰收。火星上到处都是氧化铁等氧化物质，可还原出氧气来。火星上还有丰富的能源，如风能比地球上要丰富得多；还可利用二氧化碳和氢制造甲烷燃料；也可用重氢进行核发电等。火星上有火山活动和水流冲击形成的各种金属富矿，这比散布在土石中的月球金属元素优越得多。

随着人类对火星的了解越来越多，不少科学家，甚至美国国家航空航天局都已经开始进行移民火星的科学探索。总部位于美国科罗拉多州的火星协会是一个非营利性科研组织，有 5000 名付费会员，他们来自世界 29 个国家，既有顶尖级的科学家，也有来自世界各地的火星探险"发烧友"，他们的目标只有一个——争取实现人类移居火星。

虽然人类至今只派出过探测器登上了这颗红色星球，但是，人类的幻想却是无止境的。美国国家航空航天局的载人火星登陆计划已经开始逐步实施，根据白宫的计划，美国人将在 2030 年登陆火星。

火星移民计划是 SpaceX 公司总裁兼创始人埃隆·马斯克对媒体透露出的。

据英国《泰晤士报》2009 年 1 月 4 日报道，马斯克说，他的长远目标是把人类从地球移居到其他星球，并保证这一过程足够安全、价格低廉。

2016 年 9 月 27 日，在国际宇航大会第 67 届年会上，马斯克公布了奔向火星的运载火箭方案，包括火箭尺寸、建造所需的材料、发动机的数量和类型、发动机推力、火箭的有效载荷、在轨飞行的推进剂、典型的火星飞行时间等，以及 SpaceX 公司准备为这一火星运载器在地球与火星上分别建设相关基础设施的一些细节。此外，马斯克还提出了更大的系统性的愿景，即利用新的、成本较低的太空运输体系来建立未来可持续发展的人类文明，最终有可能在整个太阳系实施勘探与开发，包括火星、木星以及土星的卫星。

马斯克在 2018 年 11 月表示，由于 SpaceX 公司最近取得了一些新的技术突破，因此他预测他个人前往火星的概率为 70%，他也表示火星极有可能是一次单程的旅行，"真的，去火星的广告就像 1914 年沙克尔顿去往南极的广告，这将是很难的，很有可能会死亡。你可能会成功降落，一旦你成功降落，你很有可能就会死在那里。"

对此说，最重要的是要让火星上能生成人类赖以生存的氧气。对于这一目标，很多科学家认为需要 2 万至 10 万年的时间，但火星协会的创始人、科学家罗伯特·祖布林认为，这个过程只需要大约一千年的时间就可以完成。

火星这颗让古代人类充满幻想的星球，如今又成为人类的希望所在，因为火星是目前科学家勘探到的环境最接近地球的星球。如果要寻找另外一个适合人类居住的星球，火星肯定是第一候选者。

要想移居火星，先要了解一个概念——（外星）环境地球化，这个词的意思是"改变外星的环境，如大气层里的气体，使之接近地球的自然环境"。

祖布林把自己的工作与哥伦布发现新大陆相提并论，如今他已经制订出一套详细的改造火星计划，而他领导的火星协会则将如"愚公移山"般逐步实施这个惊世骇俗的移民计划。也许 1000 年后，当温室效应最终摧毁我们的地球家园时，祖布林的移民计划会成为人类的"诺

↑ 马斯克构想的飞往火星的超级运载火箭（艺术设想图）

↑ 行星际宇宙飞船进入火星大气（艺术设想图）

↑ 火星"先民"登陆火星（艺术设想图）

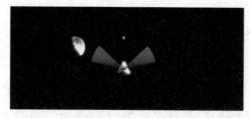

⬆ 飞往火星的行星际宇宙飞船绕过月球（艺术设想图）

⬆ 行星际飞船在火星表面着陆（艺术设想图）

⬆ 火星"先民"勘测开发火星资源（艺术设想图）

亚方舟"。这些性急的"火星人"甚至设计好了未来火星共和国的国旗，这面好似法国国旗的旗帜，颜色不是法兰西的蓝白红，而是红绿蓝。

完成自给自足的定居点从而移民火星具体计划的第一步，则是先让火星达到"环境地球化"的临界点——使这个寒冷的星球变暖。火星赤道附近的温度有时可以达到 0℃以上，要使火星的冰冻物质完全融化，至少需要使火星的外层大气达到 40℃左右。与地球正在努力遏制温室效应不同，祖布林表示人类将要在火星上制造一场"巨大的温室效应"。在祖布林的计划中，完成这一步的时间为 2150 年左右。祖布林提出了三个让火星变暖的方案，其中第三种方案得到许多科学家的赞同。

第一方案：太空镜

祖布林给火星加热的第一个方案是运用一面大镜子（直径将超过 120 千米），使这面镜子在火星表面 21 千米以上的轨道运行。这面镜子将把太阳光反射到火星指定区域，以释放出地表下面冷冻的大气和水。不过，这面太空镜子太大了，人类就目前的科学水平无法造出这样的太空镜。

第二方案：小行星撞击

太空中很多小行星都是由冷冻的氨气构成的，而氨气则是重要的温室气体。祖布林的计划是，让一颗直径 2.5 千米左右的小行星去撞击火星，撞击产生的巨大能量将使火星上的 1 万亿吨冰融化成水，而小行星撞击后释放的氨气也可以让火星大幅升温。祖布林估计，40 次这样的撞击就可以使火星达到适合人类居住的水平。不过，实现这一方案的科学难度也很大。

⬆ 建成后的火星基地（艺术设想图）

第三方案：制造温室气体

祖布林的第三种方案是在火星上人工制造温室气体，这被认为是最为可行的方案。和许多科学家一样，祖布林认为四氟化碳是最有效的温室气体，他计划在火星上建几处化工厂，不停地制造四氟化碳。根据计算，如果每小时排放 1000 吨这种气体，三十年内火星的平均温度将升高 27.8℃。这个项目过程预计耗能 5000 兆瓦，5 个核电站就可以满足这些能量需求。

火星上只有稀薄的大气，但在三十亿年前，火星的表面包围着厚厚的二氧化碳大气层。由于火星变冷，大部分二氧化碳都被土壤吸收冷冻起来。当人类完成改造火星第一步后，温暖的气候将使这些二氧化碳释放出来。祖布林表示，"土壤中释放出来的二氧化碳可以在 20 年内让火星温度再升高 5.6℃，这时候一些冰开始融化成水，水也开始蒸发，并形成雨雪等天气现象。"根据他的计算，到 2200 年，火星表面将拥有 0.1 个大气压的二氧化碳。

随着土壤中二氧化碳的不断释放，预计到 2250 年，火星上的大气含量将达到 0.21 个大气压，相当于地球的五分之一，其中大部分是二氧化碳。此时的火星居民不用穿太空服就可以走出户外，当然他们还需要氧气袋；普通飞机可以在火星上起降；人们将建设一个带有穹顶的封闭型城市。

一旦火星赤道附近的温度常年保持在 0℃以上，火星上就可以有稳定的液态水供应，到 2250 年，火星上已经可以生长植物，不过祖布林表示，"最先考虑培育的，应该是能够促进光合作用的菌类和苔藓。"

植物的生长，意味着氧气的产生，光合作用使二氧化碳逐渐变成氧气。为了加快制造氧气的速度，火星居民将大规模种植各种植物，并小心处理各种垃圾，因为垃圾腐败会制造大量二氧化碳。此外，基因工程将帮上大忙，祖布林预计，届时科学家将培育出能释放更多氧气的"超级植物"。

前面的规划看起来似乎很顺利，五十年就可以制造大气，再过五十年就可以在火星上散步，但接下来是一个漫长的过程，因为要使火星植物释放出足够人类自由呼吸的氧气，大概需要一千年。在这一千年里，火星居民要不停地种植、收获，努力"生产"更多的氧气。

祖布林的这个火星改造计划，详细地记述在他的著作《赶往火星：红色星球定居计划》中，这是一本极具想象力的书，自出版以来，无数对太空探索充满热情的爱好者成了祖布林的拥趸。

祖布林也是一名航空航天领域的专家，曾任美国洛克希德·马丁公司的高级工程师，所以他的火星改造计划并非凭空杜撰，支撑计划的相关技术大多也是有科学依据的。

到火星上定居，自然离不开特定的航天运载工具，在科幻作品中这或许需要某种反重力的推进系统或轨道空间基地等，但祖布林提出的火星计划中，运载工具就是我们用来把卫星送到地球轨道上的运载火箭。

埃隆·马斯克与祖布林是老相识了，早在 2001 年，祖布林的火星协会在硅谷举办了一场募捐活动，晚宴的门票是 500 美元，而那次活动的主办方收到了一张 5000 美元的支票，签发人名叫埃隆·马斯克。所以我们有理由相信，祖布林的火星计划对马斯克的移民火星的终极梦想是有影响的。

尽管祖布林和马斯克都认为登陆火星并不需要什么来自未来的炫酷黑科技，但一枚超级的重型运载火箭仍然是需要的，而且他们都坚信基于人类已有的火箭技术，这样的一枚超级运载火箭以及飞往火星的大型飞船是有可能被建造出来的，而这个目标也在马斯克的执着努力与坚持下，一步步地向前迈进。

回望人类的大航海时代，公元 15 世纪哥伦布带领几艘几十米长的大船船队，浩浩荡荡地从港口出发，远处是浩瀚的大西洋，波涛汹涌，险象环生。漫长的航行中支撑他的唯有希望，而最终在绝望来临之前他发现了一块新的大陆，人类文明进入了一个新的时代。

如今，人类面对的是星辰大海，同样对于星际航行还充满了太多的未知，但梦想与坚持终将为人类开辟出一条通往新世界的太空航线。